Farouk Benaceur
Kenza Benaceur

Mini-manual de genética microbiana

Farouk Benaceur
Kenza Benaceur

Mini-manual de genética microbiana

Fundamentos teóricos e exercícios corrigidos

ScienciaScripts

Imprint

Any brand names and product names mentioned in this book are subject to trademark, brand or patent protection and are trademarks or registered trademarks of their respective holders. The use of brand names, product names, common names, trade names, product descriptions etc. even without a particular marking in this work is in no way to be construed to mean that such names may be regarded as unrestricted in respect of trademark and brand protection legislation and could thus be used by anyone.

Cover image: www.ingimage.com

This book is a translation from the original published under ISBN 978-620-6-72249-6.

Publisher:
Sciencia Scripts
is a trademark of
Dodo Books Indian Ocean Ltd. and OmniScriptum S.R.L publishing group

120 High Road, East Finchley, London, N2 9ED, United Kingdom
Str. Armeneasca 28/1, office 1, Chisinau MD-2012, Republic of Moldova, Europe
Printed at: see last page
ISBN: 978-620-8-20656-7

Conteúdo

Prefácio 2

Introdução 3

Capítulo I 7

Capítulo II 22

Capítulo III 38

Capítulo IV 52

Capítulo V 72

Lista de referências 114

Prefácio

A gënëtica microbiana é um domínio muito importante que envolve o estudo da relação entre os fundamentos da gënëtica e os da microbiologia, bem como uma compreensão aprofundada do funcionamento da maquinaria molecular dos microrganismos.

Esta apostila constitui uma referência prática em genética microbiana destinada a estudantes interessados no estudo da microbiologia aplicada à biotecnologia microbiana, biologia molecular e genética.

O folheto está organizado em quatro capítulos bem detalhados que cobrem todas as noções básicas de genética microbiana, incluindo um capítulo introdutório sobre material genético e replicação, um segundo capítulo sobre a expressão da informação genética e a sua regulação, um terceiro sobre mutações e sistemas de reparação e, finalmente, um quarto sobre troca e transferência de genes.

Para além disso, é apresentada uma coleção de um número considerável de exercícios variados e orientados, incluindo questões de reflexão e de cálculo e uma descrição de situações práticas frequentemente encontradas no laboratório.

Nove séries de tutoriais incluindo 55 exercícios bem definidos com soluções para mais de 35 exercícios; a diferença nas trocas estruturais, metabólicas e genéticas entre procariotas e eucariotas, com a complexidade dos fenómenos envolvidos nos processos vitais que envolvem a continuidade, sobrevivência e/ou transmissão de material genético a atrair cada vez mais atenção para compreender tanto a base dos genomas como o grau de engenhosidade envolvido.

O estudo das mutações, da inutagénese e dos sistemas de reparação será igualmente abordado.

O estudo das mutações permite ter uma ideia concreta e realista das perturbações intrínsecas e extrínsecas que podem modificar um genótipo ou um fenótipo, dando origem a consequências negativas ou positivas, e esclarece algumas questões confusas com lógica científica e provas práticas.

As trocas genéticas, incluindo a recombinação, a conjugação e a transdução generalizada e especializada, são também fenómenos muito interessantes que descrevem os modos de transferência, transmissão e aquisição de novas caraterísticas e abrem um vasto leque de aplicações.

Neste mimeo, antes de cada série de exercícios, será apresentada uma breve recordação dos pré-requisitos necessários e dos objectivos, constituindo um mini-manual prático que assegura uma boa compreensão dos conceitos da disciplina através de explicações e da correção metódica de exercícios e problemas. Destina-se a estudantes de várias disciplinas de licenciatura, incluindo Microbiologia Aplicada, Biotecnologia Microbiana, Biologia Molecular e Genética.

Introdução

O estudo da diversidade do mundo microbiano atrai cada vez mais a atenção dos microbiologistas e dos geneticistas, desejosos de desvendar os segredos da evolução e de descobrir os segredos destes organismos, minúsculos em termos de tamanho mas complicados pela sua organização estrutural e pelo seu metabolismo.

O estudo evolutivo dos microrganismos é designado por filogenia. A compreensão dos perfis filogenéticos dos microrganismos está a tornar-se uma tarefa árdua devido à sua pequena dimensão e à falta de indicadores específicos que possam servir de referência. Certas proteínas, genes e sequências consenso são considerados índices evolutivos que descrevem o estado de mudança evolutiva. Atualmente, a análise da sequência 16S rDNA é considerada o método mais fiável para medir as relações evolutivas entre bactérias e archaea, enquanto a análise da sequência 18S é utilizada para fungos microscópicos.

Atualmente, a classificação das bactérias baseia-se na tomada em consideração do maior número possível de dados: dados genéticos e construções filogenéticas, mas também e sempre dados fenotípicos e dados ecológicos, daí o termo "Taxonomia Polifásica" ou ainda "taxonomia mista e consensual".

A árvore filogenética que representa todos os organismos vivos mostra que a evolução das formas de vida actuais teve lugar a partir de um antepassado comum (o antepassado universal), representado pela raiz (Figura 1). Dois domínios constituem os sistemas de vida procarióticos: as archaea e as eubacteria.

No entanto, é interessante notar que os estudos genómicos mostraram que as arqueias possuem sequências genéticas únicas que não estão presentes nas bactérias ou nos eucariotas. Alguns genes são também partilhados entre os três domínios. Os genes necessários para as funções celulares do núcleo são aqueles que são necessários para a sobrevivência de uma célula e que poderiam ter vindo de um ancestral comum.

A divergência dos organismos representa as diferenças nas sequências de genes retidas em cada grupo à medida que evoluíram. Também se postula que a HGT (Transferência Horizontal de Genes) desempenhou um papel fundamental na transferência de genes entre organismos no início da história evolutiva.

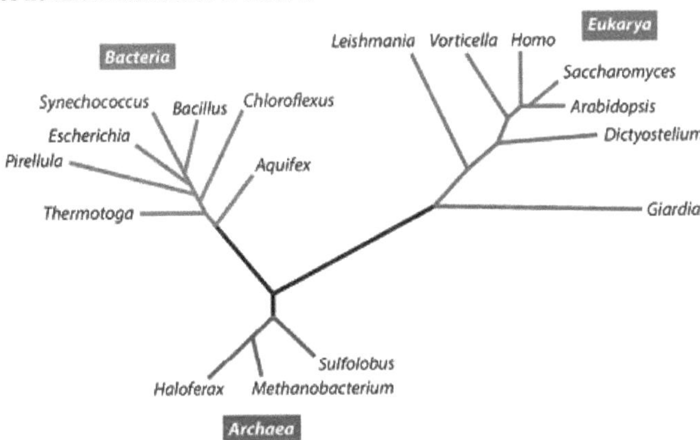

Synechococcus Bacillus Chloroflexus
Escherichia
Pirellula

Figura 1: Árvore filogenética de Microorgnisms baseada em sequências de SSU rRNA.

2-Organização estrutural

Os diferentes grupos de organismos vivos devem ser estudados em relação à sua unidade estrutural, a célula. Em 1937, o protozoologista Edouard Chatton propôs os termos "eucariota" e "procariota", mas a verdadeira natureza destes dois tipos de células só ficou claramente definida em 1955, com os progressos da microscopia eletrónica.

É feita uma distinção entre a célula eucariótica, caraterística das plantas, dos animais, dos protistas superiores e dos fungos microscópicos, e a célula procariótica, caraterística dos protistas inferiores, nomeadamente das bactérias.

Existem várias diferenças entre estes dois tipos de células, tendo em conta vários critérios de comparação. O quadro 1 apresenta um breve resumo dessas diferenças.

Além disso, a disciplina da genética microbiana está muito mais interessada na análise do material genético do ponto de vista da estrutura, da organização e das trocas que podem ter lugar.

O principal material genético dos organismos eucariotas é constituído por cromossomas cujo elemento básico é, tal como nos organismos procariotas, uma dupla hélice de ADN. Os cromossomas estão encerrados numa estrutura celular definida, o núcleo.

O núcleo é rodeado por uma membrana nuclear que contém poros e está ligada ao sistema de membranas internas da célula. O núcleo contém uma estrutura rica em ARN chamada nucléolo: esta estrutura só é visível em certas fases do ciclo celular e é difícil ou impossível de observar em muitos microrganismos eucariotas (pode ser vista nos protozoários).

Quadro 1: Comparação entre células procarióticas e eucarióticas

Propriedades	Procariotas	Eucariotas
Organização do material genético		
-Núcleo delimitado por um verdadeiro	Ausente	Presente
Envelope de ADN ligado a histonas	Não	Sim
-Número de cromossomas	Um (genóforo)	Mais do que um
-Intrões	Raro	Travões
- Nucleole	Ausente	Ausente
-Mitosis	Não	Sim
-Histonas	LHP (Proteínas semelhantes à histona)	Presente
Recombinação genética	Transferência parcial e unidirecional de ADN	Meiose e fusão
Mitocôndrias	Ausente	Apresentação
Cloroplastos	Ausente	Apresentação
Membrana plasmática com esteróis	Normalmente não	Sim
Flagelos	De tamanho submicroscópico; composto por uma única fibra	O tamanho microscópico da membrana
Retículo endoplasmático	Ausente	Presente
Aparelho de Golgi	Ausente	Presente
Parede celular	Complexo químico com péptidos de doglicano	Quimicamente simples, sem peptidogli- canas
Ribossomas	Grátis 70S	Amarrado e livre 80S

Por outro lado, as células microbianas armazenam a maior parte da sua informação genética em ADN de cadeia dupla. É de notar, no entanto, que a informação pode por vezes ser transportada por ADN de cadeia simples em estruturas extracromossómicas (vírus "parasitas", por exemplo).

O ADN duplex é formado pela montagem de duas cadeias polinucleotídicas (ou filamentos) de ADN unidas por ligações de hidrogénio que unem as bases. O emparelhamento de bases é bem definido: adënina - timina (A-T) e citosina - guanina (C-G).

A ligação entre G e C utiliza 3 pontes de hidrogénio, enquanto a ligação entre A e T utiliza duas: naturalmente, a ligação G-C é mais forte e as ligações duplas G-C-dominantes são mais estáveis do que outras.

Existe também material gético extra-cormosomal, incluindo DNA de organelos (DNA mitocondrial e DNA de cloroplasto), plasmídeos (bacterianos e eucarióticos), fatores e paramëcies de morte de leveduras e bacteriófagos.

Na secção seguinte, analisaremos mais pormenorizadamente esta diferença estrutural, centrando-nos exclusivamente no material genético. Serão citadas várias palavras-chave e especializadas, e apresentamos de seguida uma espécie de glossário com as definições de alguns dos termos utilizados em genética microbiana.

Gene: unidade de transmissão hereditária de informação genética. Um gëne é um segmento de ADN (ou ARN nos vírus), localizado num locus preciso de um cromossoma, que inclui a sequência que codifica uma proteína e as sequências que permitem e regulam a sua expressão.

Genoma: todo o material genético presente em cada uma das células de um indivíduo. O património hereditário de um indivíduo.

Genótipo: conjunto das caraterísticas genéticas de um indivíduo. A sua expressão conduz ao fenótipo.

Intrão: fragmento de um gene localizado entre dois exões. Os intrões estão presentes no ARNm imaturo e ausentes no ARNm maduro. Fragmento "não-codificante" do gene.

Locus: localização precisa de um determinado gene num cromossoma.

Mutagénico: agente (físico) ou substância (química) capaz de produzir mutações. Aumenta a frequência de certas mutações.

Mutagénese dirigida: introdução de uma mutação precisa num fragmento de ADN de um clone, seguida da reinserção da sequência mutada no gene original para substituir o ADN de tipo selvagem correspondente.

Mutagénese de inserção: introdução de mutações numa sequência de ADN clonada ou não clonada através da inserção de um fragmento de ADN estranho. Esta introdução é mais frequentemente efectuada in vivo através da inserção de um elemento transponível que permite a repërade do gene assim mutado.

Mutante: vírus, célula ou indivíduo que possui um gene que sofreu uma mutação.

Fago temperado: um fago cujo genoma pode integrar-se no ADN da célula hospedeira e transformar as suas propriedades.1 Integrado no genoma da célula hospedeira, o fago é designado por profago. 2. O fago temperado é capaz de lisogenizar as bactérias que infecta.

Fago transdutor: fago capaz de transmitir parte do genoma de uma célula hospedeira para outra.

Fago virulento: fago que produz uma infeção na bactéria, conduzindo ao ciclo lítico. A bactéria é lisada e as partículas virais recém-sintetizadas são libertadas.

Fenótipo: todas as caraterísticas observáveis de um indivíduo, resultantes da interação entre o seu genótipo e os efeitos do seu ambiente.

Placa de lise: orifício formado numa camada de bactérias na sequência de uma infeção lítica causada por um bacteriófago. As caraterísticas das manchas (velocidade de formação, tamanho, aspeto, etc.) são frequentemente utilizadas para definir um determinado tipo de fago.

Plasmídeo: pequena molécula circular de ADN extracromossómico presente nas bactérias, capaz de se replicar autonomamente na célula de origem e numa célula hospedeira. Esta molécula transporta caraterísticas genéticas que não são essenciais para a célula hospedeira. Alguns plasmídeos são utilizados como vectores de clonagem de genes.

Plasmídeo recombinante: plasmídeo no qual foi inserido um fragmento de ADN estranho. Este termo é mais frequentemente utilizado para designar um plasmídeo criado por recombinação in vitro.

Promotor: uma região do ADN localizada perto de um gene e essencial para a transcrição do ADN em ARN.

Operão: unidade de transcrição constituída por um promotor, um operador e um ou mais genes estruturais.

Repressor: uma proteína que se liga às sequências reguladoras do ADN (ou ARN), bloqueando assim a transcrição ou a tradução, respetivamente.

Capítulo I

Material genético e sua replicação

1-Geralidades sobre o material genético

1.1 Ácidos nucleicos

Os ácidos nucleicos são **os** blocos **básicos** de construção do material genético. São constituídos por cadeias lineares de nucleótidos Hë3 unidos **por pontes de fosfodiéster**.

Os nucleótidos são formados por uma base purina ou pirimidina ligada a uma pentose que, por sua vez, está ligada a um grupo fosfato (Fig. 1).

a

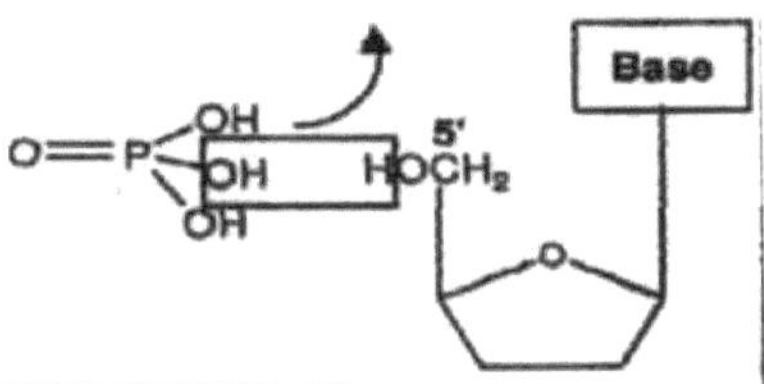

Fig 2 :Formação do nucleótido por associação entre um nucleósido (açúcar + base azotada base azotada) e um ácido fosfórico.

ort O ácido fosfórico é um tri-ácido, com duas das suas três funções ácidas _ ,.x' esterificadas no ADN e no ARN, ^{OH}

O ácido desoxirribonucleico (ADN) é formado a partir da **2-desoxirribose** e o ácido ribonucleico (ARN) a partir da ribose.

Os nucleósidos são formados pela associação de uma base azotada com uma pentose através de uma ligação **N-glicosídica** entre o carbono 1 da ribose e o azoto 1 da base pirimidina ou o azoto 9 da base purina.

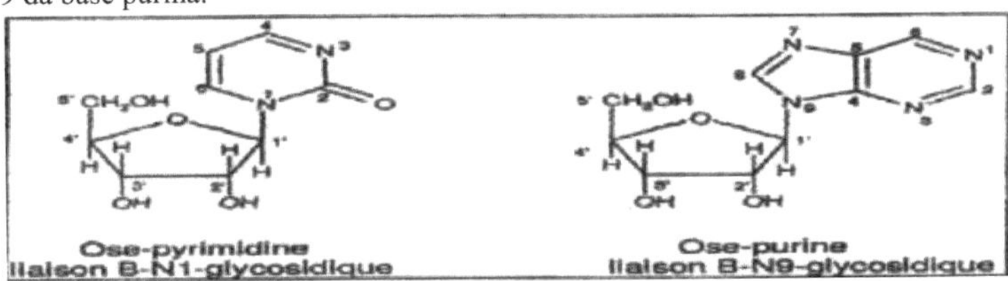

Fig 3: Ligações entre pentose e bases nucleicas

Os nomes dos nucleósidos são os da raiz da base a que se junta a desinência "idina" para as pirimidinas e "osina" para as purinas: Citidina, Timidina. Uridina, Adenosina e Guanosina (Quadro I)

Quadro I. Nomenclatura dos nucleósidos e nucleótidos que constituem os ácidos nucleicos

		Bases				
		Adenina	Guanina	Citosina	Uracile	Timina
Nucleósidos	ds ARN	Adenosina	Guanosina	Citidina	Uridina	-
	dsDNA	d6soxi adenosina	desoxi-guanosina	desoxicitidina	-	ddsoxy timidina
Nucleótidos	ds ARN	Adenilato	Guanilato	Citidilato	Uridilato	-

ADN ds	adenilato de desoxi	desoxi-guanilato	desoxicitidilato	-	desoxi timidilato
Monofosfato de nucldósido	AMP	BPF	CMP	UMP	-
Difosfato de nucMosídeos	ADP	PIB	CDP	UDP	-
Trifosfato de nucldosídeo	ATP	GTP	CTP	UTP	-
D^sox y monofosfato de nucleósido	dAMP	dGMP	dCMP	-	dTMP
Difosfato de ddsoxinucieosídeo	dADP	dPIB	dCDP	-	dTDP
Trifosfato de ddsoxinucldosídeo	dATP	dGTP	dCTP	-	dTTP

As bases azotadas dos ácidos nucleicos são a pirimidina ou a purina. As pirimidinas são hëtërociclos aromáticos com seis átomos no sentido dos ponteiros do relógio a partir de um hëtëroátomo (neste caso, o átomo de azoto).

O ciclo da purina resulta da fusão de dois ciclos, o ciclo da pirimidina e o ciclo do imidazol.

As bases envolvidas no ADN são **as bases purinas**: adënina (A) (6- amino purina) e guanina (G) (2- amino, 6- oxi- purina), e **as bases pirimidinas**: timina (T)(2, 4-dioxi, 5-mëtil pirimidina ou 5-mëtil uracilo) e citosina (C) (2-oxi, 4-amino pirimidina).... (Fig.). Os nucldósidos correspondentes são a adënosina, a guanosina, a timidina e a citidina.

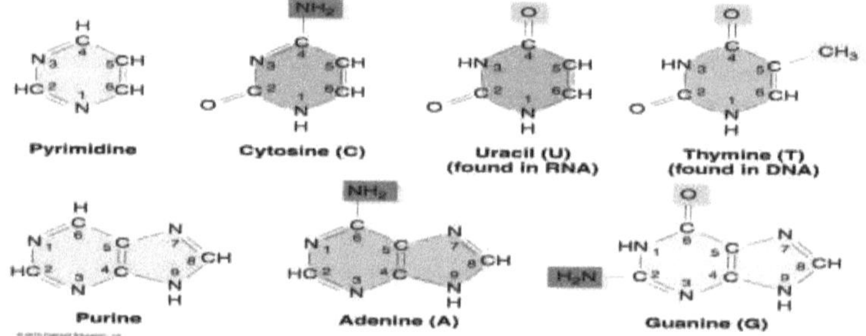

Fig 4: Estrutura das bases azotadas

Certas bases de ADN são **modificadas**: por exemplo, a lbidroximetilcitosina encontra-se em certos bacteriófagos, tal como quantidades significativas de 6-metiladenina nos organismos procariotas e de 5-metilcitosina nos eucariotas.

Esta **metilação** de bases encontra-se tanto em organismos procarióticos como eucarióticos **e está envolvida na** reparação de danos no ADN ou **no** controlo da expressão genética (facilitando transições na estrutura secundária).

O ARN contém as mesmas bases purínicas que o ADN, mas as bases pirimidínicas são representadas pelo uracilo (U) (2,4-dioxipirimidina), que substitui a timina, e pela citosina. O nucleósido correspondente ao uracilo é a uridina. O ARN pode também conter bases modificadas

As células dos protistas (bem como as dos animais e das plantas) contêm ambos os tipos de ácidos nucleicos (ADN e ARN), enquanto **os vírus (bacteriófagos) contêm** um ou outro (adenovírus e/ou retrovírus).

1.2 Estrutura do ADN nas células microbianas

As células microbianas armazenam a maior parte da sua informação genética em **ADN de cadeia dupla**. É de notar, no entanto, que a informação pode por vezes ser transportada por ADN de cadeia simples em **estruturas extracromossómicas** (vírus "parasitas", por exemplo). O ADN duplex é formado pela reunião de duas "cadeias polinucleotídicas" (ou cadeias) de

ADN unidas por ligações de hidrogénio que unem as bases. O emparelhamento de bases é bem definido: adenina - timina (A-T) e citosina - guanina (C-G). A ligação entre G e C utiliza 3 pontes de hidrogénio, a ligação entre A e T duas: naturalmente, a ligação G-C é mais forte e as hélices duplas com predominância de G-C são mais estáveis do que outras.

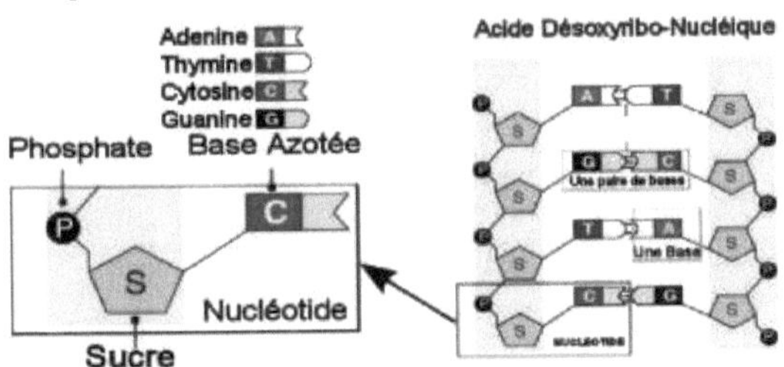

Fig 5 :Estrutura simplificada do ADN

A montagem das cadeias forma uma dupla hëlice, cada uma das quais é complementares entre si e antiparalelas: uma cadeia é polarizada 5'-> 3' e a outra 3'-> 5'.

Num meio aquoso, o ADN apresenta-se numa configuração estável conhecida como **"forma B"**: a direção de enrolamento desta hélice é reta e uma volta da hélice corresponde a 10 bases. O espaçamento entre duas bases consecutivas é de **0,34 nm (3,4A°)**; o passo da hélice é de 3,4 nm (**34A°**); o diâmetro de 1^ëHcc é de 2 nm (20A°);As bases de purina e pirimidina estão dentro da 1^ëHcc (**interior hidrofóbico)** e os grupos fosfato e dësoxirriboses estão fora (**exterior hidrofílico).**

As moléculas de ADN podem ter outros tipos de conformação, que se obtêm in vitro em determinadas condições: **a forma A** tem um enrolamento à direita de 11 bases por volta e **a forma Z** tem um enrolamento à esquerda de 12 bases por volta.

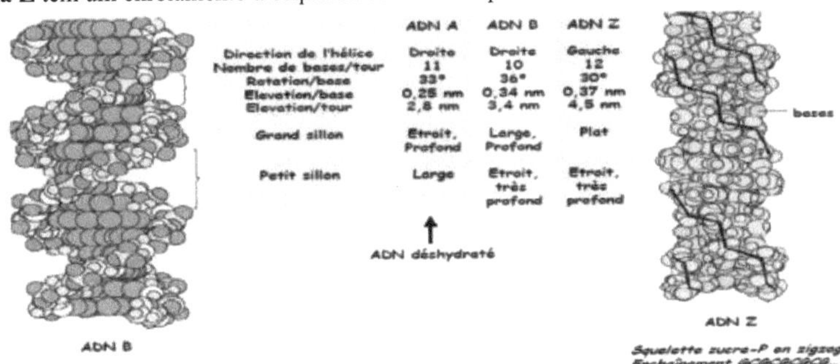

Fig 6 :Diferentes formas de ADN

A dupla hélice pode ser enrolada de forma negativa ou positiva. Diz-se que o enrolamento é negativo quando ocorre numa direção oposta à direção direita da dupla hélice: é muito frequente in vivo. O enrolamento é dito positivo quando ocorre na mesma direção: só ocorre in vitro.

O estado intermédio, não sobre-enrolado, é designado por r el ache ou relaxado. Todas as moléculas de ADN com o mesmo grau de enrolamento são isómeros topológicos.

As enzimas que controlam o enrolamento ou o desenrolamento dos super-coils são as **topoisomerases**, que existem em vários tipos. Actuam por dois tipos de ação: por clivagem transitória de um fio (tipo I) ou de dois fios (tipo II)). As topoisomërases do tipo I são dependentes de ATP. **A girase** é uma topoisomërase de tipo II específica encontrada em bactérias que introduz um superenrolamento negativo (até 100/min) na presença de ATP.

O ADN é muito resistente à hidrólise alcalina. A dupla hélice é facilmente desnaturada pelo aquecimento: as duas cadeias separam-se e formam laços aleatórios. Cada tipo de ADN tem uma temperatura de desnaturação (ou ponto de fusão) caraterística.

Quanto mais elevado for o teor de G-C, mais elevado será o ponto de fusão (devido à forte ligação entre G e C). Para uma dada espécie, a composição global de bases do ADN é uma constante: esta composição pode ser expressa **como o rácio A+T/G+C.**

Este rácio varia de uma espécie para outra, mas é constante e caraterístico de uma dada espécie: a maior gama de variação encontra-se nas bactérias, de 0,25 para *Micrococcus luteus* a 2,9 para *Clostridium perfringens*. "Regra de Wallace (cálculo de Tm para pequenos fragmentos): Tm = 4*(número de bases GC) + 2*(número de bases AT) Ex: AGTCATGCCCCGCGC Tm = 4*11 +2*4 = 52°C "

[-15]O conteúdo de ADN varia muito de um organismo para outro: os conteúdos são de 0,2, 4, 50 e 31,10 g, respetivamente, para o bacteriófago T4 (vírus), a bactéria *Escherichia coli* (organismo procariótico), a levedura *Saccharomyces cerevisiae* e o protozoário *Euglena gracilis* (organismos eucarióticos). [353+5+7+933]O número de pares de nucleótidos varia de 10 a 10 para os vírus (1 a 200 genes), de 10 a 10 para as bactérias (1.200 a 3.000 genes) e de 10 a 10 para os microrganismos eucarióticos (3.10 a 10.10 genes).

A quilobase (kb) é normalmente utilizada para medir o número de nucleótidos. Para os ácidos nucleicos de cadeia dupla, uma kilobase corresponde a **103** pares de bases (pb) ou, por outras palavras, nucleótidos. Consideramos que **1 kb** corresponde a uma massa molecular **de 0,7.106 Da** e a um tamanho de **0,35 gm.**

1.3 Organização do material genético a nível celular

1.3.1 Material genético dos organismos procariotas: o genóforo

Nos organismos procarióticos, o principal material genético é uma **estrutura de ADN de cadeia dupla** simples denominada cromossoma ou genóforo: esta estrutura está localizada numa zona da célula denominada núcleo ou nucleoide. Para além do ADN, contém ARN (até 30%) e proteínas (10%), a maior parte das quais é ARN polimerase.

O cromossoma é **circular,** ou seja, está fechado. A dupla hélice é enrolada numa super-hélice (400 pares de bases por volta) que, por sua vez, é dobrada para formar laços mantidos juntos por um suporte constituído principalmente por ARN.

Na *Escherichia coli*, existem cerca de cinquenta anéis que correspondem a 200 voltas da super-hélice. O cromossoma implantado tem até 1 mm de comprimento, pelo que se encontra extremamente compactado na célula...

[2+2+]O ADN é complexado com catiões Mg ou Ca e com proteínas. Algumas (proteína P) são do tipo protamina (semelhante à espermina ou à espermidina), que neutralizam as cargas negativas do ADN. Em *Escherichia coli*, foram registadas proteínas básicas e termoestáveis semelhantes às histonas dos organismos eucariotas (como as proteínas histónicas), das quais existem pelo menos quatro: Hu (formada por 2 subunidades o e в próximas da histona H2B), H (próxima da histona H2A), H1 e HLP1 (que se pensa desempenharem um papel na regulação não específica da transcrição)...

Estudos morfológicos e bioquímicos mostram que o ADN está ligado à membrana citoplasmática ou a invaginações da mesma, denominadas mesossomas. Nos organismos procarióticos, o cromossoma é constituído por uma cadeia contínua de gënes e não contém grandes regiões repetitivas (exceto nos gënes de ARN).

1.3.2 Material genético dos organismos eucariotas: os cromossomas 1.3.2.1 Generalidades

O principal material genético dos organismos eucariotas é constituído por cromossomas cujo elemento básico é, tal como nos organismos procariotas, uma dupla hélice de ADN. Os cromossomas estão encerrados numa estrutura celular definida, denominada núcleo, **que** está rodeada por uma membrana nuclear com poros e está ligada ao sistema de membranas internas da célula. O núcleo contém uma estrutura rica em ARN, denominada **nucléolo**: esta estrutura só é visível em determinadas fases do ciclo celular e é difícil ou impossível de observar em muitos microrganismos eucariotas (pode ser observada nos protozoários).

Outra estrutura em forma de túbulo é por vezes visível no citoplasma perto do núcleo ou é parte integrante da membrana nuclear: corresponde ao **centrossoma** clássico do núcleo das células animais ou ao centrossoma difuso das células vegetais. Em muitos microrganismos eucarióticos, esta estrutura está presente numa maniëre mais ou menos clara, e é geralmente appelëe placa do fuso. Esta estrutura é por vezes apenas observável por microscopia eletrónica.

O número de núcleos é, em princípio, um por célula, mas há muitas excepções nos microrganismos, sendo frequente encontrar células com vários núcleos, independentemente das situações transitórias resultantes da sexuação^. No Paramecium (um protozoário ciliado), existem **dois tipos** de núcleos (o macro e o micronúcleo) com funções diferentes Nos fungos e nas algas, são comuns as células dicarióticas e as estruturas crenocíticas e policrenocíticas.

As proteínas ligadas ao ADN podem ser divididas em duas categorias: **as histonas e as proteínas não-histonas**. As histonas são as mais abundantes, sendo o seu quanta equivalente ao do ADN (representando até 108 cópias por célula). São proteínas básicas que neutralizam as cargas ^gativas do ADN. Existem muitos tipos diferentes, nem todos presentes em organismos microbianos eucarióticos.

As protëinas não-histonas incluem uma classe ipirticular: as protëinas altamente móveis (HMPs). Estas protëinas, que podem reconhecer regiões específicas do ADN, estão envolvidas em processos de regulação.

O elemento estrutural básico **do** cromossoma é **o nucleossoma**, que é constituído por uma dupla hélice de ADN enrolada em torno de um núcleo octamëer de histonas (histonas nucteossomais H2A, H2B, H3 e H4). As partículas do núcleo estão separadas por uma zona de espaçador de ADN. As partículas unitárias estão organizadas em pilhas com a possível intervenção de outra histona (H1) que não está presente em todos os microrganismos. Em conjunto, formam a fibra de base, cujo diâmetro é de cerca de 10 nm.

Os nucteossomas estão dispostos em fase com a sequência de ADN de um determinado tipo de célula. Parece que os nucteossomas são colocados no momento da transcrição. A fibra básica de 10 nm é enrolada numa hëlice para dar a fibra de 30 nm (6 a 7 nucteossomas por volta) **" Solenoide"**. A fibra de 30 nm dobra-se depois em laços (superlK'lice) para dar origem à cromátide, cujo diâmetro varia de 300 a 500 nm. **Um cromossoma** resulta da evolução de um filamento de cromátide: a cromátide enrola-se e, por vezes, sofre um novo enrolamento em espiral (figura 6).

Na região centrométrica, os nucteossomas são substituídos por uma partícula protésica com 200 nm de diâmetro que serve de ligação aos microtúbulos: **o cinetocoro**. Na extremidade das cromátides **encontra-se a região telomérica** {TEL}. O papel do tëlomëre é estabilizar a extremidade do DNA ligante. A extremidade do tëlomëre consiste em um

sërie de courtes sëquences rëpëtitives : Na levedura, esta extremidade representa algumas centenas de bases (geralmente 300 pb) com a repetição em tandem da sequência CXA.

O cromossoma dos organismos eucariotas é caracterizado por uma sequência não contínua de genes. Os genes ou grupos de genes que codificam proteínas são interrompidos ou separados por sequências não codificantes **chamadas intrões**; as sequências codificantes são chamadas **exões** e contêm 200 a 300 pares de bases.

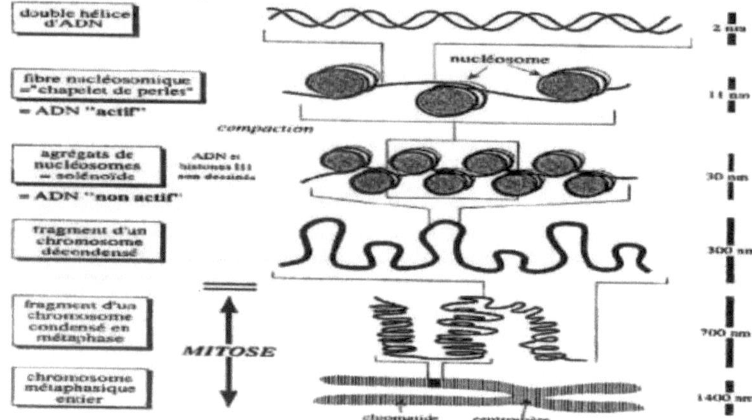

Fig 7 :Diferentes níveis de empacotamento da cromatina

A par das sequências de genes de cópia única, os cromossomas contêm <u>sequências repetitivas de baixa frequência</u> (103-105 cópias) <u>ou de alta frequência</u> (106-107 cópias). Os principais genes são de cópia única; as regiões repetitivas de baixa frequência codificam as histonas, o ARN ribossómico e o ARN de transferência; podem representar até 30% do ADN. As sequências altamente repetitivas de apenas 5-500 pb têm um papel estrutural e <u>nunca são transcritas</u>. Algumas destas sequências repetitivas formam o que é conhecido como <u>ADN satélite</u>.

Existem grandes diferenças na organização dos microrganismos eucariotas. Na levedura, e particularmente em *Saccharomyces cerevisiae,* há poucas regiões rëpëtiactive: 95% dos дёпоте são encontrados a o estado de cópia simples. Não existem regiões de alta rëpëй1r^11ë, apenas zonas de média e baixa rëpëtitivitë.Estas zonas incluem os <u>ëlëments transponíveis</u> Ty, o e i), os tëlomëres, alguns gënes que codificam protëines e aqueles que codificam RNAs (cerca de 360 gënes de tRNA, 100 gënes de rRNA...).

Quando existe apenas uma cópia de cada cromossoma, diz-se que a célula **é haploide** (n cromossomas). Quando existem duas sëries competentes de cromossomas, diz-se que a célula é **diploide** (2n cromossomas); os cromossomas do mesmo tipo são ditos **homólogos.** Durante o ciclo de vida de um organismo, pode haver uma transição da haploidia para a diploidia e vice-versa através da reprodução sexual ou de mecanismos relacionados.

Quando o número de cromossomas é superior a dois, existe **poliploidia** (xn cromossomas). Quando o número de cromossomas não é múltiplo de n, existe **aneuploidia.** Esta pode ocorrer pelo ganho <u>(hiperploidia ou polissomia</u>, por exemplo 2n+l) ou pela <u>(hipoploidia ou oligossomia</u>: 2n-2) de um ou mais cromossomas.

1.4 Material genético extracromossómico

Existe gëriel matënética **fora do** genóforo ou dos cromossomas. Esta matëriel pode representar 0,1 a 1 e, por vezes, mais de *10%* do ADN celular total.

Nas células eucarióticas, o ADN encontra-se nas mitocôndrias e nos cloroplastos. O ADN e, por vezes, o ARN, denominado ADN "citoplasmático", podem também ser encontrados nas células procarióticas ou eucarióticas: trata-se de partículas mais ou menos estruturadas, como os plasmídeos, os factores de fertilidade, os factores "killer",...

O termo "**elementos genéticos variáveis**" (VGE) é utilizado para descrever todos os elementos extracromossómicos ëlë que podem diferir de um biótipo para outro: principalmente plasmídeos e profagos, mas também vários determinantes citoplasmáticos.

1.4.1 ADN dos organelos

O ADN dos organelos é de cadeia dupla e geralmente circular (exceto o ADN mitocondrial de certos protozoários ciliados, que é linear).

O DNA **mitocondrial** é enrolado em torno de si mesmo e ligado à membrana interna da mitocôndria. O seu tamanho é de cerca de 20 pm na levedura (75 a 84 kb consoante a estirpe de *Saccharomyces cerevisiae).* Existem normalmente várias cópias deste genoma por organelo. Em *Saccharomyces cerevisiae*, onde cada célula pode conter cerca de vinte mitocôndrias, existem até 4 cópias, o que representa uma média de 30 a 50 cópias por célula, ou seja, cerca de 15% do ADN celular total. A situação é muito semelhante nos bolores (*Aspergillus nidulans*).

O DNA **do cloroplasto** é um duplex circular de 100 a 200 kb: em protistas eucarióticos pliotosvntlietic o número de cópias deste gënome por organelo pode ser muito ëkyë (até 100 em *Chlamydomonas reinhardii*), enquanto o número de organelos por célula é frequentemente baixo (às vezes apenas um como em *Chlamydomonas reinhardii*, enquanto há cerca de quinze em *Euglena gracilis*).

1.4.2- Plasmídeos.

Os plasmídeos são estruturas extracromossómicas homogéneas constituídas por ADN circular de cadeia dupla de tamanho e massa moleculares bem definidos (1 106 a 4 108 Da, ou seja, aproximadamente 1 a 400 kb). Encontram-se principalmente em bactérias, mas também em microrganismos eucariotas (nomeadamente leveduras).

1.4.2.1 Plasmídeos bacterianos

Os plasmídeos Bayerianos replicam-se de forma variável em relação ao cromossoma. Os plasmídeos podem estar presentes em várias cópias numa célula. Estas cópias podem ser poucas ("**plasmídeo rigoroso**": 1 a 3 cópias) ou muito numerosas ("**plasmídeo relaxado**": até mais de 50 cópias): o primeiro caso corresponde frequentemente a uma dependência dos sistemas de replicação protéicos de um hospedeiro e, em particular, da polvmërase III do ADN. No segundo caso, a replicação é independente destes sistemas.

Um plasmídeo é constituído por **um único replicão** *(sequência ori* em *Escherichia coli)* e a replicação é **bidirecional** e muito rápida. Os plasmídeos são transmitidos de célula para célula através de dois tipos de mecanismos: alguns **plasmídeos são conjugativos,** ou seja, são transmitidos durante um processo de conjugação entre duas células (contacto sem fusão); outros plasmídeos são do **tipo não conjugativo**: só podem ser transmitidos por um processo de transformação.

Alguns plasmídeos podem, em determinadas condições, integrar-se no cromossoma, como fazem alguns ba^riófagos: Entre os plasmídeos conjugativos deste tipo, o mais conhecido é o fator fértil F *da Escherichia coli* que, para além do fator sexual, tem a propriedade de se integrar no cromossoma e induzir a sua transferência de uma célula para outra durante a fase de conjugação.

Os plasmídeos transportam gënes (crípticos: genes que não dão dëtectabIe expressão fënotípica) responsáveis por diferentes fënotípos:

Produção de toxinas (hemolisina, enterotoxina, etc.), factores de virulência, factores indutores de tumores nas plantas (por exemplo, genes *yop* envolvidos na virulência de *Yersinia enterolytica*, etc.). Em *Agrobacterium, uma* bactéria patogénica para as plantas, os plasmídeos Ti e Ri transportam cerca de vinte genes *de virulência*. A parte *Ti* de *Agrobacterium ..etc*

Produção de bacteriocinas ou antibióticos: colicina (plasmídeo pColEl *de Escherichia coli*), piocina (em certas Pseudomonas), vibriocinas, etc.

Resistência aos antibióticos ou **a** outros agentes (factores R ou determinantes r): resistência à penicilina, ao cloranfenicol, às sulfonamidas, aos metais pesados, aos catiões tóxicos, às radiações, aos fagos, etc. Estes fenómenos são bem conhecidos nos Staphylococcus.

Propriedades metabólicas gerais: produção de H2S, utilização de citrato (em *Escherichia coli*), degradação de compostos aromáticos (em Pseudomonas), plasmídeo pSH71 de *Streptococcus lactis*, envolvido no catabolismo da lactose, atividade proteolítica...

Existem incompatibilidades entre diferentes plasmídeos (tanto naturais como artificiais): a presença de um impede que o outro se estabeleça (por exemplo, 4 classes de incompatibilidade em *Staphylococcus aureus)*. Os plasmídeos que são capazes de se transferir dentro de uma grande variedade de espécies de bactérias Gram são chamados plasmídeos promíscuos (por exemplo, grupos P, Q e W (IncP, IncQ   )).

1.4.2.2 Plasmídeos eucarióticos

Os plasmídeos eucarióticos são pouco numerosos e encontram-se principalmente nas leveduras. O mais conhecido e mais bem estudado é o plasmídeo 2g da levedura *Saccharomyces cerevisiae:* este plasmídeo circular de ADN de cadeia dupla está presente a uma taxa de 50 a 100 cópias por célula (representando 3 a 5% do ADN celular total) e está essencialmente localizado no núcleo: a replicação e a transcrição têm lugar no núcleo. Contém uma única origem de replicação (*ARS)* e 4 genes (ou quadros de leitura) envolvidos na recombinação e na geração das 2 formas do plasmídeo (*FLP)* e no controlo da amplificação e da estabilidade (*REP* 1, *REP2,* D).

Plasmídeos relacionados ao plasmídeo 2μ foram descobertos em outras espécies de leveduras, incluindo *Zygosaccharomyces baillii* (pSBl, pSB2), *Zygosaccharomyces bisporus* (pSB3), *Zygosaccharomyces rouxii* (pSRl), *Kluyveromyces drosophilarum* (pKDl), *Saccharomyces italicus, Schizosaccharomyces pombe...* Embora semelhantes em tamanho e organização ao plasmídeo *de Saccharomyces cerevisiae, os* plasmídeos *de Zygosaccharomyces* e *Schizosaccharomyces* não compartilham nenhuma homologia de sequência com ele.

1.4.3 O fator "killer

1.4.3.1 Fator "assassino" das leveduras.

A caraterística killer é a capacidade de certas leveduras libertarem no ambiente uma substância que é tóxica para outras leveduras pertencentes à sua própria espécie ou a espécies e géneros diferentes. A caraterística killer existe em estirpes pertencentes a numerosas espécies e, em particular, em *Saccharomyces cerevisiae*.

A caraterística assassina é Hë devido à presença no citoplasma de partículas de RNA bicatárias encapsuladas em capsídeos (partículas semelhantes a vírus: VLPs), que são intermediárias entre os plasmídeos e os vírus bacteriófagos (às vezes são chamados de micovírus ou zimófagos).

Existem dois tipos diferentes de partículas que vivem juntas na célula: em *Saccharomyces cerevisiae*, a partícula mais pequena, ou partícula M, e a partícula maior, ou partícula L.

A partícula M tem uma massa molecular próxima dos 1.10^6 Da (1,9 kb) e codifica a proteína tóxica <u>responsável pela caraterística killer</u>: trata-se de uma proteína dimërica (o/p) de 18,5 kDa que é excretada pela célula (**caraterística K+).A** partícula M é também responsável pela imunidade das células killer (**caraterística R+): existem entre 100 a 1000 destas por célula.** [6]A maior das partículas ou partícula L tem uma massa molecular próxima de 2,5,10 Da (4,7 kb), com ligeiras diferenças consoante o grupo assassino, e codifica <u>a síntese do capsídeo</u>, que é idêntico para os dois tipos. Existem cerca de quinze por célula (o capsídeo não é essencial para a expressão da caraterística, mas a partícula grande é essencial para a **multiplicação** e **manutenção da** partícula **pequena** na célula).

Em *Kluyveromyces lactis*, a caraterística assassina está relacionada com a presença de dois "plasmídeos lineares" formados por ADN bicatenário (50 a 100 cópias por célula): o **plasmídeo pGKL 1**(k 1) de 5.3.106 Da (8,9 kb) codifica uma toxina glicoproteica trimérica (o/p/Y) e a imunidade, enquanto **o plasmídeo pGKL2** (k2) de 8,3.106 Da (13,4 kb) é necessário para a replicação e manutenção do sistema e não tem capsídeo. -

1.4.3.2 . - Fator "assassino" de Paramecies

Existe um fator killer nos paramécios: este fator controla a produção de uma substância tóxica chamada **paramecina**, que é ativa em estirpes sensíveis. O carácter depende da presença de <u>um elemento infecioso k </u>(ou K). Existem cerca de 1.600 partículas k por célula.

1.5 Material genético para vírus (bacteriófagos)

O material genético dos vírus (denominado genóforo e por vezes referido como cromossoma) é constituído por ADN ou ARN e está organizado de diferentes formas. O genóforo do vírus contém a informação genética necessária para sintetizar as proteínas virais e as enzimas necessárias para a replicação.

Nos bacteriófagos, os genes virais são geralmente **classificados** em **3 categorias**:

-<u>Os genes precoces ou semi-precoces </u>são responsáveis pela indução do ciclo reprodutivo do vírus (destruição do ADN do hospedeiro, replicação do material genético viral). São expressos muito pouco tempo após a infeção.

-<u>Os genes tardios </u>são responsáveis pela síntese do capsídeo e de outras estruturas fágicas (cauda, placa, etc.), bem como pela lise (síntese das proteínas de lise).

-Um último grupo inclui os genes <u>envolvidos na integração, excisão e recombinação </u>de ácidos nucleicos: só são expressos em determinadas circunstâncias.

É de notar que, para alguns vírus, a libertação da célula infetada não conduz à lise: é o caso de alguns bacteriófagos, como o M13*, caso em que falamos de vírus com um ciclo parasitário.

Consoante a dimensão da sua composição genética, os vírus dependem mais ou menos das enzimas da célula hospedeira, mas em todos os casos existe essa necessidade, o que impede a replicação autónoma e obriga <u>a infetar </u>uma célula para assegurar a reprodução.

Pode encontrar

Fagos lineares de ADN de cadeia dupla: por exemplo, bacteriófagos T1,2,3,4,5,6,7,^ (urófagos de simetria combinada), MU 1(u 1)... *de Escherichia coli...*

Fagos circulares de ADN de cadeia dupla :exp -O bacteriófago PM2 de Pseudomonas

Fagos circulares de ADN de cadeia simples :exp -Os bacteriófagos φ X174, M13,f l, fd ...
de Escherichia coli.

Fagos de ARN de cadeia simples (ARN positivo): por exemplo, os *bacteriófagos* MS2, f2, M12, fr... (há dois casos: O ARN <u>é dito positivo </u>se puder ser diretamente traduzido: tem valor de mensageiro e é diretamente infecioso. Por outro lado, diz-se <u>que </u>o ARN é <u>negativo </u>se o seu complemento for o mensageiro.

Fagos de ARN de cadeia dupla: exp-bacteriófago φ 6, que também tem um envelope lipídico.

Replicação de 2-DNA

A replicação (ou duplicação) é o mecanismo que permite a reprodução das moléculas de ADN, que, exceto em casos especiais (vírus de ADN de cadeia simples), estão organizadas numa dupla hélice. Esta estrutura é aberta, formando uma "forquilha de replicação" e a polimerização de novas cadeias de nucteótidos que complementam as cadeias existentes. A replicação é **semi-conservativa** (Experiência de Messelson e Stahl, 1957) e a polimerização, que é efectuada por enzimas chamadas **DNA polimerases**, não pode ocorrer a partir de uma simples mistura de nucleótidos.

Existem vários tipos de enzimas. Algumas estão envolvidas apenas <u>nos mecanismos de reparação</u>: são as polimerases de síntese <u>lenta</u>; outras, que estão envolvidas na <u>própria replicação</u>, são as polimerases <u>de síntese rápida</u>.

2.1 Replicação em procariotas

2.1.1 ADN polimerase

Existem 3 DNA polimerases em *Escherichia coli*:

<u>**ADN polimerase I**</u>**:** é a mais abundante (95%): está principalmente envolvida na <u>reparação</u> do ADN, mas desempenha também um pequeno papel na replicação. Polimeriza **na direção 5'-> 3'** a baixa velocidade (670 nucleótidos/min).<u>Tem actividades de exonuclease</u> 3'-> 5' (o fragmento maior; fragmento de Klenow) e 5 -> 3' (o fragmento mais pequeno) e actividades de fosforólise e de permuta de fósforo: uma molécula de enzima é capaz de polimerizar até <u>200 nucleótidos</u> (elevada capacidade de processamento); a sua massa molecular é de 109 kDa e está ligada a um <u>ião Zn^+</u>.

<u>**LADN polimerase II**</u>**:** tem um papel controverso: tem actividades de <u>polimerase e de exonuclease</u> (3' -> 5'). Trabalha a baixa velocidade (33 nucleótidos/min); a sua massa molecular é de 110 kDa.

£<u>**DNA polimerase III (Enzima creur)**</u>:É muito ativa no <u>processo de replicação</u>^ É uma enzima multimérica (subunidades a, e,$,Y, Д г,) em que duas moléculas centrais (cada uma formada por três subunidades "a(dnaE ou gene polC) ,£ (dnaQ ou gene mutD),0(gene holE)") podem ser ligadas para formar um complexo por um dímero da subunidade tau (г). A atividade catalítica da enzima é aumentada pela associação de 4 subunidades beta (в).

A sua massa molecular varia em função da organização das diferentes subunidades (frequentemente cerca de 250 kDa). Esta enzima polimeriza a **alta velocidade** (104 nucleótidos/min) na **direção 5'-> 3'** e tem actividades de <u>exonuclease 3'-> 5' e 5'-> 3'</u>. **NB:** Embora a atividade de despolimerização das DNA polimerases não seja a sua atividade principal, esta atividade é importante para a <u>fiabilidade da transcrição,</u> nomeadamente nos organismos procariotas. Graças à sua atividade de exonuclease, as polimerases bacterianas são capazes **de reparar a revisão**, o que explica a **fidelidade** da cópia: em média, apenas um erro por 109 pares de bases.

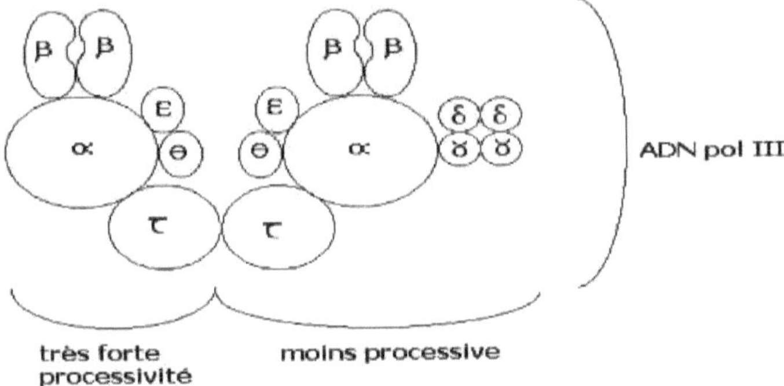

Fig8 : Estrutura simplificada do DNA pol III

2.2.2 Mecanismo de replicação em *Escherichia coli*

A replicação envolve um grande número de proteínas, incluindo um complexo multiproteico conhecido como **replisoma**.

a) Iniciação: A replicação começa com a abertura da dupla hélice num local específico (o **ponto de iniciação** *ori C)*. Este ponto contém uma sequência rica em nucleótidos AT, o que resulta numa menor coesão entre as cadeias. Esta abertura é devida à ação de uma **helicase** (enzima de desenrolamento do ADN: DUE) dependente do ATP: as mais importantes são a **proteína rep** e a helicase II (ouIII).

Este processo é facilitado a montante pela ligação de 4 tetrâmeros de DnaA ao ADN: isto induz a formação de uma estrutura em feixe com a consequente separação das cadeias e a acessibilidade de outros factores. As cadeias separadas são estabilizadas por proteínas chamadas "single strand binding protein" (**SSBP ou** SSB=HDP: helix destabilising protein=DBP: DNA binding protein): estas são também tetrâmeros.

Para além da separação das cadeias pela helicase, a replicação exige o desenrolar das estruturas helicoidais e a modificação da superbobina. Este desenrolar ocorre, de facto, em curtos intervalos, graças à ação de uma **topoisomerase** (enzima de fecho do nicking: NCE), uma subunidade da girase ou da proteína w. Esta enzima cria uma rutura transitória na cadeia, permitindo a rotação da hélice (Nb; devido à especificidade 5'-> 3' da polimerização, a síntese do ADN pela ADN polimerase é orientada: só pode ter lugar numa extremidade 3'OH).

b) Elongação: O complexo que contém a primase e as proteínas DnaB, DnaC, n, n', n" e i é designado por **primosoma** (existem 6 proteínas DnaC para um hexâmero DnaB, o que perfaz um total de pelo menos 17 elementos proteicos por primosoma).**A primase inicia a síntese** polimerizando uma cadeia curta (cerca de 30 nucleótidos) de ARN cuja sequência é complementar à do ADN modelo: esta cadeia é designada iniciador ou primer. Uma vez efectuada a iniciação, a ADN polimerase pode então adicionar nucleótidos à **extremidade 3' da** cadeia neoformada. **A ADN polimerase III** realiza a maior parte do trabalho de alongamento, removendo a cadeia iniciadora de ARN e completando a parte que falta: a ADN polimerase I parece desempenhar um papel essencial nesta fase, através das suas actividades de exonuclease e de polimerase.

Para permitir o crescimento simultâneo das duas cadeias, a síntese é necessariamente **descontínua** numa delas, enquanto **é contínua** na outra. A replicação ocorre, portanto, **de forma assimétrica** nas duas cadeias.

No crescimento descontínuo, a síntese realiza-se na direção permitida (5'-> 3') através de cadeias curtas denominadas **fragmentos de Okazaki**: cadeias que são depois ligadas por uma **DNA ligase** (a DNA ligase permite a remontagem do ADN de cadeia dupla no caso de um corte sem lacunas entre a extremidade 5'fosfato e a extremidade 3'OH).

A cadeia contínua sintetizada é designada **por** cadeia principal (leading strand) e a outra por **cadeia** secundária (lagging **strand**). A presença de **um laço** na cadeia mais atrasada (onde a polimerização é descontínua) permite que **o replissoma** funcione na mesma direção para ambas as cadeias ao mesmo tempo (fig. 8).

c) Cessação :

As duas forquilhas de replicação do cromossoma circular de E. *coli* encontram-se numa região terminal que contém múltiplas cópias de uma sequência de 20 pares de bases **denominada "Ter"** que se encontra diametralmente oposta ao local de iniciação da replicação.

As sequências "Ter" são locais de ligação para uma proteína chamada "Tus" **(substância de utilização do terminal).** Um único complexo "Ter-Tus" funciona por ciclo de replicação. A replicação está sob o controlo de vários genes reguladores: O produto do gene dnaA regula negativamente a transcrição do iniciador e a sua própria síntese durante o crescimento celular. O seu nível diminui, permitindo o início da replicação. Os produtos dos genes dnaB e dnaC são activadores do início da sequenciação do ADN.

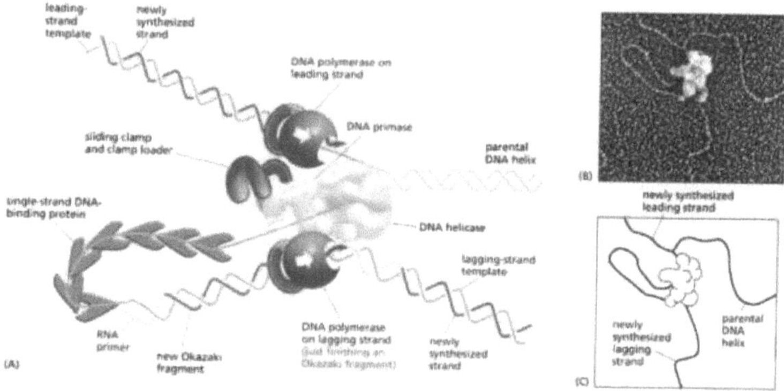

Fig. 9: Mecanismo de alongamento da cadeia de ADN recém-sintetizada pelo dímero de DNA polymerase III nas cadeias inicial e tardia.

2.2 Replicação em eucariotas

2.2.1 DNA polimerases

Existem também várias polymërases de ADN em microrganismos eucariontes.

Quadro II: As principais DNA polimerases eucarióticas, composição, função, atividade e localização

ADN polimerase	Localização	Número de S/U	Equivalente procariótico	Actividades	Atividade de exonuclease 3'-5'
Alfa (a)	núcleo	4	DNA pol I	Iniciação	-
Beta (в)	núcleo	1		Reparação e acabamento	-
Gama (ɣ)	mitocôndrias	1		Síntese e reparação do ADN mitocondrial	+
Delta (6)	núcleo	2	DNA pol III	Síntese e acabamento	+
Épsilon (ɛ)	núcleo	2	DNA pol II	reparação	+

2.2.2 Mecanismo de replicação em eucariotas

Nos eucariotas, durante o ciclo celular, a quantidade de ADN duplica <u>durante a fase S</u>, que <u>precede a mitose</u>. Esta duplicação do material genético, conhecida como replicação, tem as mesmas caraterísticas que a replicação do ADN nos procariotas.

a) Iniciação

Na levedura, as origens de replicação são chamadas replicadores ou **ARS** (sequências replicativas autónomas), e existem <u>cerca de 400 replicadores </u>distribuídos pelos 17 cromossomas do genoma haploide da levedura.

O início da replicação em todos os eucariotas requer uma proteína multi-subunitária **denominada ORC** (complexo de reconhecimento da origem) que se associa a várias sequências replicadoras.

O iniciador é inicialmente criado pela **primase**, que sintetiza um pequeno iniciador de ARN de cerca de 10 nucleótidos. **A ADN polimerase continua** então **a** condensar 20 desoxirribonucleótidos para formar uma cadeia mista de cerca de 30 nucleótidos, constituindo o ponto de iniciação para a **atividade da ADN polimerase 6**.

b) Alongamento

A síntese é retomada pela **DNA pol 6**, que é **a principal enzima** de polimerização de novas cadeias complementares às cadeias-modelo. Ao mesmo tempo, esta enzima estende as cadeias neossintetizadas (contínuas e descontínuas) na direção 5'-3'.

A DNA pol 6 trabalha em conjunto com **a proteína PCNA** (Proliferating Cell Nuclear Antigen), que lhe confere a sua ligação à cadeia molde <u>durante o maior tempo </u>possível antes de se separar (a PCNA desempenha <u>o mesmo papel que um sub иввё в </u>da DNA pol III).Dois outros complexos de proteínas também funcionam na replicação do DNA de células eucarióticas: **RPA** (Replication protein A) é uma prot&ne que se liga ao DNA de fita simples durante a replicação e, portanto, tem uma função ëquivalente à da proteïna SSB *de E.coli* e **RFC** (Replication fator C) funciona como um grampo que se liga ao PCNA e facilita a montagem do complexo de replicação ativo.

Por outro lado, na cadeia descontínua, os fragmentos de Okazaki <u>são mais curtos </u>do que nos organismos procariotas (cerca de 135 nuckotides) porque as forquilhas de replicação avançam mais lentamente. O iniciador de ARN é progressivamente degradado pela ação combinada da RNAse H1 e da nuckase Fenl. O complexo dDNA polimërase/PCNA preenche os espaços vazios e a DNA ligase I une os fragmentos.

. Nos eucariotas, depois de duplicado, o ADN é reorganizado em nucossomas para voltar à sua conformação inicial (cromatina). A replicação do DNA em organismos eucarióticos é acompanhada por um processo de duplicação de histonas. A replicação é bidirecional e ocorre geralmente a partir de várias origens

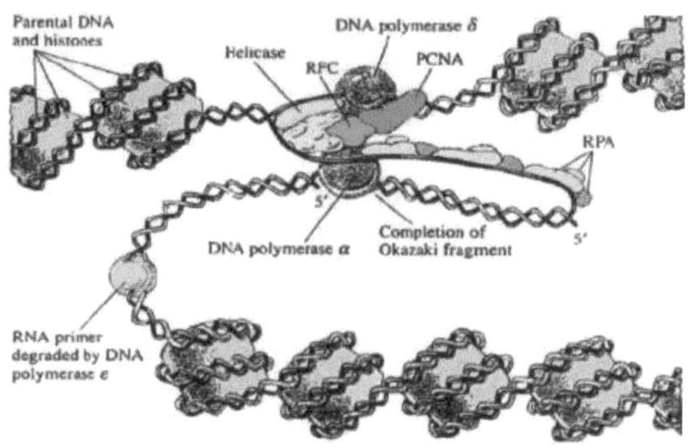

Fig. 10: Mecanismo de replicação em eucariotas

2.3 Replicação do ADN extracromossómico

O ADN mitocondrial, o ADN plasmídico e, de uma forma mais geral, o ADN extracromossómico, estão dobrados de acordo com um mëcanismo próximo do do ADN cromossómico. Estes ADNs compreendem frequentemente **um único replicão**.

A replicação dos plasmídeos é geralmente efectuada de acordo com a clássica sclk'ina.

A replicação do plasmídeo de levedura 2µ, que ocorre apenas durante a fase S, leva à formação de concatënaires circulares (com a forma 9) que são resolvidos por recombinação (modelo Futcher e) (fig 10a) enquanto a replicação do DNA mitocondrial circular pode envolver uma estrutura particular conhecida como **D-loop** (Fig 10.b).

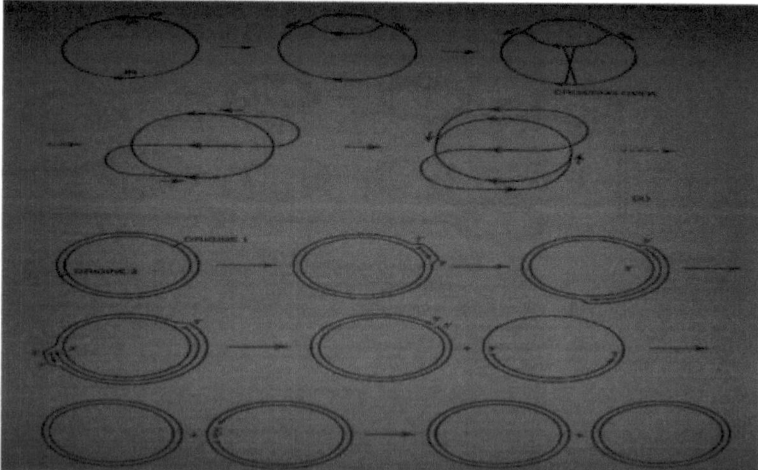

Fig 11 Replicação do ADN citoplasmático

Em *Saccharomyces cerevisiae*, a síntese de ADN mitocondrial ocorre ao longo do ciclo celular e está associada ao crescimento: este ADN parece incluir várias origens de replicação que não contêm uma sequência ARS.

2.4 Replicação do genóforo do vírus

A replicação do material genético e a multiplicação intracelular dos vírus utilizam largamente os equipamentos enzimáticos do hospedeiro. <u>O mecanismo difere de acordo com a natureza do DNA ou RNA.</u>

a) O ADN viral é linear ou circular. A replicação do ADN circular bicatenado pode ser semelhante à do ADN bacteriano, com a formação **de** estruturas de replicação **em espiral ou em anel** (estrutura 9): é o caso da replicação lítica inicial do bacteriófago fy. Após a circularização na célula infetada .

Um outro processo muito difundido diz igualmente respeito ao ADN circularizado: a replicação pelo mecanismo do **círculo rolante**, que produz cadeias de genóforos ou concatenários que se dividem em moléculas de ADN antes da encapsidação, que se efectua à medida que as moléculas são medidas.

Existem vários outros mecanismos de replicação do ADN linear no mundo viral:

-Replicação por deslocação aleatória da cadeia com a intervenção de uma proteína, por exemplo, adenovírus -Replicação pelo mecanismo "hairpin", por exemplo, vírus da vaccinia

b) A replicação do ADN de cadeia simples, tanto linear como circular, requer a passagem por uma forma replicativa de cadeia dupla (RF). Nos bacteriófagos, o ADN de cadeia simples é geralmente <u>do tipo +</u>, ou seja, tem <u>a mesma polaridade e sequência </u>que o ARNm correspondente:

Da forma replicativa linear de cadeia dupla pelo sistema de <u>deslocamento de cadeia</u>: bacteriófago φ29

Da forma replicativa circular de cadeia dupla por um mecanismo de <u>círculo rolante </u>sem formação de concatenado: bacteriófago φX174

Nos fagos filamentosos deste tipo (M13, fd...), o tamanho do genóforo pode variar enormemente porque não há cápside que o limite: é o comprimento da molécula de ADN que determina o tamanho do fago.

A replicação é iniciada por um primer, que na maioria dos casos é o RNA ou, mais raramente, uma proteína.

O primer de RNA é sintetizado pela RNA polimerase (bacteriófago M 13) ou pela primase diretamente (bacteriófago G4) ou pela primase, com o mecanismo e maquinaria completos do hospedeiro, envolvendo o primosoma (bacteriófago φX174).

Em todos os casos, o alongamento é efectuado pela DNA polimerase III.

c) Para os bacteriófagos de ARN: a replicação dos diferentes tipos de ARN viral utiliza mecanismos diferentes: os vírus de ARN de cadeia dupla (por exemplo, os reovírus) têm replicases de ARN que funcionam de forma semelhante aos vírus de ADN do mesmo tipo.

Alguns vírus de ARN de cadeia simples produzem uma forma replicativa de ARN x2, quer a partir de uma cadeia +, como os bacteriófagos (φЯ17. QB...) ou certos vírus animais (Picomavirus...), quer a partir de uma cadeia -, como o vírus da estomatiteicular SV. .

Por último, certos vírus de ARN de cadeia simples (retrovírus) transcrevem o ARN diretamente em ADN por meio de uma <u>transcriptase reversa </u>e, em seguida, ligam-se a uma molécula de ADN de cadeia dupla que permite a transcrição em ARN.

Capítulo II

Expressão da informação genética e o seu controlo

1-Os diferentes tipos de ARN

1-1-)Ácidos ribonucleicos

Os (RNA) são compostës de sequências sëinary de nucleotídeos com algumas mudanças em relação ao тоlëcиle do DNA: <u>ribose em vez de desoxirribose e U em vez de T</u>.Distinguimos :

<u>A-RNAs funcionais</u>: **rRNA (82%) (ribossómico), tRNA (16%) (transferência), nRNAs menos de 1%.**

<u>b) ARN informativo</u>: 2% **ARNm (mensageiro)**

I-2) Propriedades estruturais e funcionais de diferentes tipos de ARN

I-2-1) RNAs ribossómicos

São transcritos <u>no nucléolo</u> e são necessários para a síntese de protões através da ligação ao ARNm. Encontram-se <u>ligados</u> ao retículo endoplasmático ou <u>livres</u> no citoplasma.

-Em procarvotes : Ribossoma 70S[S/U; 50S: "2 rRNA(5S e 23S)+34 r-proteínas" e S/U 30S "1 rRNA (16S) + 21 r-proteínas"].

-Em eucarvotos : Ribossoma 80S[S/U ; 60S : " 3 rRNA (5S;5,8S et 82S) +45 r" Proteínas e S/U 40S "1 rRNA(18S) + 33 r" Proteínas]

I-2-2) ARN de transferência (ARNt)

<u>Transferem e transportam aminoácidos</u> do citoplasma para o ribossoma, onde as proteínas são sintetizadas durante a tradução. Existe <u>pelo menos um ARNt para cada um dos</u> 20 aminoácidos. Cada célula contém cerca de <u>100.000 cópias</u> de tRNA. A estrutura secundária dos ARNt é <u>estável</u> (de algumas horas a algumas semanas). Existem várias regiões caraterísticas comuns a todos os ARNt.

J I .'extreme 5'fosfato <u>em forma de cadeia dupla</u> enquanto que i'extremife 3'OH é formado a partir de <u>04 nucleótidos</u> de cadeia simples que tem a sequência XCCA (X: qualquer base) e cuja adënina <u>é o local de ligação</u> do aminoácido.

Os ARNt contêm <u>várias bases modificadas</u> em determinadas regiões: di-hidrouridina (DHU), ribosiltimina (rT), pseudouridina (T) e inosina (I).

Os ARNt têm **três anéis de cadeia simples**: (1)- O anel **anti-códão**. (2)- O anel DHU ou D.(3)- **O anel T'I'C** que contém a sequência TTC (timidina-pseudouridina-citosina).

I-2-3) ARN mensageiro (ARNm)

São ARNs <u>de elevado peso molecular</u> cuja sequência de bases <u>complementa</u> a do ADN de que derivam. O tempo de vida dos ARNm <u>é muito curto</u>, com uma taxa de renovação baixa e uma degradação rápida. Formado a partir de uma <u>única cadeia</u> de nucleótidos, um grupo de <u>3</u> <u>nucleótidos</u> no ARNm forma um código correspondente a um aminoácido.

I-2-4) snRNAs (nuclear pequeno)

Os snRNAs são específicos dos <u>núcleos eucarióticos</u>. <u>São heterogéneos,</u> variam muito em tamanho e estão envolvidos na <u>maturação</u> de pré-mRNAs em mRNAs maduros.

2) Transcrição

Este é o processo pelo qual o ARN <u>é sintetizado</u> a partir de um molde de ADN, a partir do qual gera (ARNm), (ARNt), (ARNr) e outras moléculas de ARN que têm uma função estrutural e catalítica. <u>As RNA polimerases</u> são as enzimas responsáveis pela transcrição. O

ARN é sempre <u>sintetizado</u> a partir do ADN na <u>direção 5'-3', antiparalelamente</u> à cadeia-modelo "anti-sentido" e também de <u>forma complementar</u> (emparelhamentos G/C e A/U). É adicionado um nucleótido à <u>extremidade 3' OH</u> livre <u>da</u> cadeia de ARN que está a ser sintetizada. $^{2+}$ Não esquecer também que os iões Mg são essenciais para o funcionamento da RNA polimerase.

Nos procariotas, uma <u>única enzima</u> catalisa a síntese das três classes de ARN. Nos eucariotas, por outro lado, existem <u>três tipos</u> diferentes <u>de RNA polimerase</u> que são estruturalmente semelhantes às das bactérias: <u>RNA polimerase I</u>: transcrição de RNAs ribossómicos;<u>RNA polimerase II</u>: transcrição de RNAs mensageiros e snRNAs;<u>RNA polimerase III:</u> transcrição de RNAs de transferência e 5S rRNAs.

2-1) Definição de um gene

Um gene é uma sequência de ADN que contém a informação necessária para sintetizar um ARN ou uma proteína. Consiste em: um **promotor** que serve <u>como local de ligação</u> para a RNA polimerase (e factores de transcrição em eucariotas) e dirige o início da transcrição. Logo após a parte promotora está **a parte codificadora do gene**. Nos eucariotas superiores, a parte codificante do gene é constituída por sequências **de exões (sequências codificantes)** e **intrões (sequências não codificantes)** removidos após a maturação do ARN pré-mensageiro. Finalmente, as **sequências de terminação** fornecem o sinal para a separação da RNA polimerase do molde.

<u>NB:</u>

Genes expressos em todas as células: **genes de manutenção da casa**. Genes expressos apenas em alguns tecidos ou mesmo num único tipo de célula = **genes tecido-específicos.**

<u>2-2) Transcrição à escala molecular em procariotas a)l/iniciação</u>

A iniciação da transcrição começa em uma sequência promotora, <u>três sequências de consenso são identificadas</u>: **(1) - A caixa de Pribnow, (-12 a -7). (2)-A sequência -35, (-35 a -30). (3)- A sequência UP** (upstream promoter), rica em AT **-40 e -60** (promotores altamente expressos). A RNA polimerase **<u>liga-se</u>** ao promotor **em <u>duas etapas</u>**: A primeira etapa **envolve** uma **ligação fraca** <u>à região -35</u> do promotor enquanto <u>o DNA ainda é de cadeia dupla</u>; a segunda etapa envolve uma mudança de ligação fraca para uma **ligação mais forte** entre a RNA polimerase e o DNA, envolvendo <u>o desenrolamento local (cerca de 17 bases)</u> para expor uma sequência curta de DNA de cadeia simples <u>que formará o molde.</u> Esta abertura tem lugar no nucleótido +1 até cerca de metade da sequência -17. <u>A RNA polimerase está assim posicionada no local onde se inicia a polimerização.</u> A presença **do fator σ** (subunidade acessória) com a enzima central (α2ββ'ω) confere à RNA polimerase uma <u>afinidade muito elevada</u> pelo promotor. Após o início da transcrição, o fator σ <u>é removido</u> e é a enzima central que continua o processo de alongamento.

<u>b) Alongamento</u>

O alongamento é conseguido pela RNA polimerase através da adição de **<u>NTPs à extremidade 3'</u>** da cadeia de RNA durante a síntese. À medida que a enzima procede à abertura da dupla hélice do ADN, <u>é libertado o ARN de cadeia simples copiado da cadeia modelo</u>. Esta enzima **não necessita de iniciador,** utiliza <u>apenas uma cadeia como molde</u> e progride a uma velocidade de cerca de 30-50 nucleótidos/segundo. É também de notar **que não existe atividade de exonuclease**, o que significa que <u>a transcrição é menos fiel</u> do que a replicação. A taxa de erro na síntese de ARN <u>é de 1/104 ou 1/105</u>.

<u>c) Rescisão</u>

O alongamento do ARN continua até que os **<u>sinais de terminação sejam lidos</u>**, altura em que a ARN polimerase liberta a cadeia de ADN molde e a cadeia de ARN neossintetizada. **As bactérias** parecem utilizar **duas estratégias** distintas para terminar a transcrição. O primeiro mecanismo envolve a formação de **um hairpin** que desestabiliza e desprende a RNA polimerase do híbrido RNA:DNA após a transcrição de uma sequência palindrómica rica em G-C seguida de uma região rica em U.

O segundo mecanismo envolve **a proteína Rho**, uma enzima com atividade ATPase que lhe permite deslocar-se unidireccionalmente ao longo do ARN até atingir a bolha de transcrição. Em seguida, dissocia o híbrido DNA-RNA cortando as ligações de hidrogénio no hetero-duplex DNA-RNA, libertando-o completamente do complexo de transcrição.

d) Modificações pós-transcricionais em procariotas

Nos procariotas, as moléculas de ARNm não sofrem qualquer modificação pós-transcricional. De facto, a maioria é traduzida durante a transcrição. No entanto, o rRNA e o tRNA são produzidos por clivagem e modificação do RNA nativo. Por exemplo, na *E. coli*, três tipos de rRNA e um tipo de tRNA são produzidos por clivagem do RNA primário, que também contém espaçadores. Por vezes, os ARNt também são modificados pela adição de nucleótidos CCA na extremidade 3' aos ARNt que ainda não têm essa extremidade.

NB; Sobre os RNAs policistrónicos Certos genes procarióticos são estruturas montadas que contêm várias partes codificantes de genes, envolvidas na mesma via metabólica, sob o controlo do mesmo promotor, são os operões.

2-3) Transcrição à escala molecular em eucariotas

a) Iniciação

A **RNA polimerase II** é constituída por 12 subunidades e não pode transcrever *in vitro* sem a intervenção de certas proteínas chamadas factores de transcrição básicos (TFs). A iniciação começa com a ligação **da** proteína **TBP** (TATA-binding-protein) à **caixa TATA**, depois o fator de transcrição **TFIID** também se liga ao ADN de cada lado da TBP. Um outro complexo, sob a forma de **TFIIF e RNA polimerase II**, associa-se a ela.

Ao interagir com o **TFIIB, o TFIIF** ajuda a RNA polimerase II a encontrar os seus promotores. Finalmente, **o TFIIH e o TFIIE** juntam-se para formar um complexo firme. **O TFIIH** actua como **uma helicase** que desenrola o ADN para iniciar a transcrição, criando um complexo aberto e, através da sua atividade de cinase, fosforila o COOHt da RNA polimerase II, provocando uma alteração na conformação do complexo.

b) Alongamento: Após 60-70 nucleótidos de ARN, TFIIE e TFIIH deixam o complexo, marcando o início da fase de alongamento. O mecanismo de alongamento é essencialmente o mesmo em bactérias e eucariotas. Uma das principais **diferenças** é a **duração e o comprimento** a do transcrito a sintetizar (várias horas, dada a presença de intrões, apesar de uma taxa de polimerização de 2000 nucleótidos/minuto).

c) Terminação: Os sinais de terminação da transcrição **ainda não estão bem definidos**. No entanto, existe uma sequência de consenso **AAUAAA** que aparentemente actua como um sinal para uma RNA-endonuclease ativar e cortar o transcrito 3'.

A RNA polimerase II é desfosforilada e reciclada, e tanto a via dependente **de poli(A)** como a via **dependente de Senl** são atualmente adoptadas.

d) Maturação do ARNm nos eucariotas: A molécula de ARNm resultante da transcrição sofre modificações **em ambas as extremidades**. Um nucleótido específico, o metil-GTP, é adicionado na **extremidade 5'**, mesmo antes de a transcrição estar concluída. Este nucleótido forma 1) **o "cap" 5' do** ARNm (capping). Quando a transcrição está concluída, **uma poli-A-polimerase** catalisa a adição de **AMP** na **extremidade 3'**, até mais de 200 resíduos **(2 - a**

"cauda poli-A").

Ao contrário das regiões **3'-UTR**, as regiões 5' **não traduzidas (5'-UTR)** são mais conservadas entre espécies diferentes.

A maturação do ARNm envolve também as fases **3) de excisão do intrão e de splicing do exão**, que têm lugar no núcleo, sendo o ARNm exportado para o citoplasma constituído apenas por exões cortados, com a ajuda de partículas nucleares constituídas por proteínas e **pequenos ARN nucleares (snRNA) ou (snRNAs) (Spliceossoma).**

3) Tradução do ARNm em procariotas e eucariotas

A tradução requer a intervenção de : **Ribossoma** (locus da tradução), **ARNt** (adaptador entre os aminoácidos e o código genético) e **outros factores** (iniciação, alongamento e terminação).

A síntese proteica é **polarizada**, com os ribossomas a moverem-se **na direção 5' para 3'** sobre o ARNm e a sintetizarem o polipéptido correspondente do terminal NH2 para o terminal COOH.

A sequência de ARNm é descodificada por um grupo de **três nucleótidos (códão)** que correspondem a um determinado **aminoácido**. Este código genético tem certas caraterísticas universais, tanto nos procariotas como nos eucariotas, incluindo **a ausência de sobreposição, a sua redundância** ou degenerescência, de modo que o mesmo aminoácido pode ser codificado por vários códões, e a presença de três **códões de paragem** (UAG, UGA ou UAA) que indicam o fim de uma sequência codificante.O emparelhamento ARNm (códão)/ARNt (anticódão) é **complementar e antiparalelo.**

O acoplamento de aminoácidos ao tRNA envolve a ligação covalente de um ácido aттё livre ao terminal de adénosina de sua extremidade 3'-end.O ácido aттё é ligado por sua função ácida (COOH) à extremidade 3'OH ou 2'OH dos tRNAs por uma ligação éster na presença de 1'aminoacil-tRNA syn^tase **(transferase)**. Em primeiro lugar, o ácido дттгё é **ligado** ao 1'ATP (aa + ATP -> aa-AMP + 2 Pi), depois o ácido ami^ é **transferido** para o tRNA (aa - AMP + tRNA - > aa - tRNA + AMP). A energia da ligação éster será utilizada para ligar os ácidos aminados entre si (ligações peptídicas).

NB: O Wobble é o emparelhamento incompleto (flutuante) entre o códon e o anticódon durante a tradução de mRNAs em proteïnas. Isto é referido como uma **"base flutuante"**: Se a primeira base (5') do anticódon pera pelo tRNA é C ;A ;U ;G ;I(inosina); pode emparelhar com uma terceira base (3') do códon do mRNA:G ;U ;A ou G ;C ou U ; U,C ou A, respetivamente. Esta dëgënërescência implica também que certos ácidos ami^s têm mais do que um tRNA **(iso-acceptores)**, ou que certos tRNAs podem emparelhar com mais do que um codão. este é um phënomëne que tem 3 intërëts: poupança de tRNA, síntese protëica mais rápida, proteção contra certas mutações.

3-1) Fases da tradução

a) Iniciação

MetMetifmetfMetA iniciação da tradução em procariotas e eucariotas **requer** um iniciador de ARNt específico: **o ARNmt** usado para incorporar o resíduo inicial de mtionina de todas as protinas. Em *E coli*, uma forma específica de ARNmt é necessária para a iniciação: **o ARNmt N-formilmetionina** (ARNmt f). A formilação ocorre após a mtionina ter atacado o ARNt. É catalisada pela metionil-RNAt formiltransferase.

MetfMetO Met-tRNA e o fMet-tRNA reconhecem o mesmo códon de iniciação: **5'- AUG-3'**.Nos RNAs policistrónicos dos procariotas, o códon AUG é adjacente a um ëlément **Shine-Delgarno**. Este ëlément é reconhecido por comptementar^ de sëquências no 16S rRNA da pequena subunidade^.

Nos procariotas, a iniciação ocorre **em três fases**: 1) a subunidade 30S associa-se a dois factores de iniciação **IF1 e IF3**. O papel deste último é <u>impedir a associação</u> entre 30S e 50S antes de o ARNm se associar à subunidade 30S. <u>Os ribossomas Bayerianos</u> contêm três sítios, o sítio A ou aminoacil, o sítio P ou peptidilo e o sítio E ou de saída.

O ARNfmet **é o único** ARNt de aminoacilo que se liga **ao sítio P,** todos os outros ARNt <u>se ligam ao sítio A. O sítio E é</u> onde se ligam os ARNt <u>não carregados</u>. O fator de iniciação <u>IF1</u> liga-se <u>ao sítio A</u> e <u>impede que o ARNt se ligue</u> a este sítio durante a fase de iniciação. ^{fmet}2) Ao complexo constituído pela subunidade 30S, IF-3 e ARNm juntam-se IF2+GTP e fmet-RNAt. 3). Este grande complexo combina-se com a <u>subunidade 50S</u> e, simultaneamente, o GTP ligado a IF-2 é <u>hidrolisado em GDP e Pi,</u> que são libertados do complexo.

<u>Todos os factores de iniciação são então libertados do ribossoma</u>. A conclusão destas etapas dá-nos um complexo chamado <u>complexo de iniciação.</u>

Nos eucariotas, o ARNm eucariótico forma um complexo com o ribossoma e um certo número de proteínas específicas. Pensa-se que várias destas proteínas ligam as duas extremidades da mensagem. Na extremidade 3', o ARNm é ligado por uma proteína chamada PAB ou CBP ou proteína de ligação poli A. As células eucarióticas contêm <u>pelo menos nove factores de iniciação.</u>

b) **Alongamento**

Na <u>primeira fase</u> do alongamento<u>, o aminoacil-RNAt</u> apropriado é ligado a um complexo de **EF-Tu e GTP**. O complexo formado liga-se <u>ao sítio A</u>. O GTP é hidrolisado e um complexo **EF-Tu-GDP** é libertado do ribossoma 70S. <u>Na segunda fase</u> do alongamento, forma-se uma **ligação peptídica,** catalisada <u>pela peptidil-transferase</u>, entre <u>os dois aminoácidos ligados pelo respetivo ARNt ao sítio A e ao sítio P do ribossoma</u>, produzindo um ARNt dipeptidílico no sítio A e deixando o sítio P com um ARNt não carregado.

<u>Na terceira fase</u> do alongamento, <u>o ribossoma move um códão</u> para a extremidade 3' do ARNm. O ARNt não carregado move-se <u>para o sítio E</u> e depois para o citosol. O movimento do ribossoma **é** designado por **translocação** e requer **uma translocase** (EF-G) que é também uma GTPase. O movimento é possível graças a uma alteração na conformação tridimensional de todo o ribossoma. A estrutura da **EF-G** é semelhante à do complexo **EF-Tu/tRNA**, o que sugere que **a EF-G** pode associar-se ao sítio A e deslocar o tRNA peptidil. O alongamento **nos eucariotas** é muito semelhante ao dos procariotas. No entanto, os ribossomas eucariotas **não têm um sítio E**. <u>Os ARNt não carregados saem diretamente do sítio P.</u>

c) **Rescisão**

O sinal de terminação é <u>um dos códons de terminação</u> no mRNA: UAA, UAG e UGA. **Nas bactérias**, três factores de libertação, **RF1, RF2 e RF3 (ou eRF nos eucariotas)** contribuem para 1) **a hidrólise da** ligação terminal entre o peptidilo e o ARNt, 2) **a libertação** do polipeptídeo livre e do último ARNt não carregado do local P e 3) **a dissociação** do ribossoma 70S em 50S e 30S. (Existem 2 factores de terminação nos procariotas e apenas um nos eucariotas). O RF1 reconhece os códons de terminação UAG e UAA, e o RF2 reconhece os códons UGA e UAA.

Estes dois factores de terminação ligam-se ao códão de terminação e induzem a peptidil transferase <u>a transferir o polipéptido para uma molécula de água</u> em vez de outro aminoácido. Estes factores de terminação têm <u>uma estrutura semelhante à do ARNt</u>. A função específica do fator de terminação RF-3 <u>ainda não está bem estabelecida,</u> mas pensa-se que liberta a subunidade ribossómica.

4-Regulação e controlo da expressão da informação genética

Nos microrganismos, a regulação da síntese proteica é muito eficaz. A expressão dos genes pode ser controlada a todos os níveis entre o gene e a proteína: ativação ou modificação da estrutura do gene, transcrição, maturação do ARNm primário, transporte núcleo-citoplasma nos organismos eucariotas, tradução, estabilização de certos tipos de ARNm.

A maior parte do controlo da síntese proteica tem lugar na fase de iniciação da transcrição: estes fenómenos foram particularmente bem estudados nos organismos procariotas.

4.1 - Controlo do início da transcrição em bactérias

Existem unidades de controlo da transcrição que correspondem **aos operões**; um operão contém uma série de um a dez genes estruturais, cada um dos quais codifica um péptido; estes genes seguem-se uns aos outros no cromossoma e formam uma unidade de transcrição que começa com uma sequência de iniciação e termina com uma sequência de terminação.

A sequência de iniciação é precedida por **um promotor,** o sítio de ligação da RNA polimerase, que controla a transcrição de todos os genes que dele dependem. A regulação de um operão envolve geralmente um gene operador e um gene regulador. O gene (ou sítio) operador está adjacente ao promotor, enquanto o gene regulador (uma unidade de transcrição independente com o seu próprio promotor) permite a síntese de uma proteína reguladora que actua ao nível do operador, fazendo com que a RNA polimerase se ligue ou passe (ação negativa) ou, pelo contrário, facilitando-a (ação positiva).

Existem vários tipos de regulamentação em função de vários factores:

- **Especificidade**: o controlo pode ser específico e limitado, actuando apenas sobre os genes de um operão, ou, pelo contrário, não específico, podendo afetar vários operões. Os sistemas não específicos são sistemas de controlo global e envolvem geralmente um regulador comum.
- **Natureza da interação** promotor/RNA polimerase/proteína reguladora (ação positiva ou negativa).
- **Resultado final**: pode assumir duas formas. Consoante o caso, há uma indução no catabolismo ou uma repressão no anabolismo.
- **NB:** os termos **regulação "cis" e "trans"** também podem ser utilizados **regulador cis** corresponde a um motivo presente no ADN que exerce um efeito regulador, por exemplo, um operador. Um locus actua em cis se estiver na mesma molécula de ADN que o seu alvo. Na maioria das vezes, está a montante do gene regulado.**regulador trans**: ga pode ser um fator de transcrição, por exemplo, não é um elemento de sequência, mas ga pode ser uma proteína que actua ligando-se a um elemento alvo, que pode ser do tipo operador. Pode controlar outro locus, mesmo a partir de outra molécula de DNA.

4.2 - Controlo específico :

4.2.1 Controlo específico negativo

a) Indução

O exemplo mais clássico é o do **operão da lactose** *da E. coli* (Fig. 11). É constituído por três genes estruturais *lacZ, lacY* e *lacA*, um operão *lacO* (28 pb) localizado após o promotor *lacP* e adjacente ao gene *lacZ* e, finalmente, um gene regulador *lacI* que se encontra próximo do operão.

As enzimas necessárias para a utilização da lactose, e em particular a ᴃ-galactosidase necessária para a hidrólise, só são sintetizadas na presença de lactose (ou de um análogo estrutural).

O gene regulador sintetiza normalmente uma proteína constituída por 4 subunidades. Esta proteína <u>é inibitória na ausência do indutor lactose</u>. <u>Liga-se aos operadores e, em particular, a</u> <u>oi </u>(para o qual tem maior afinidade) e impede a ação da RNA polimerase, o que acaba por bloquear a síntese enzimática.

Na presença de lactose, formam-se pequenas quantidades de **alolactose** (um isómero da lactose em que o grupo galactosilo é deslocado). Este produto combina-se com a proteína reguladora, tornando-a inativa ao reduzir fortemente a sua afinidade pelo operador: <u>a RNA</u> <u>polimerase pode então </u>ligar-se e a transcrição e a síntese enzimática podem ter lugar.

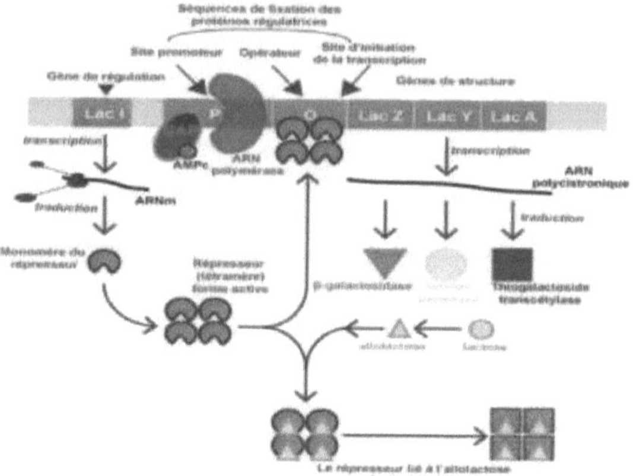

Fig 12 :O operão da lactose da E. coli e o seu funcionamento.

b) Repressão

O exemplo clássico é o <u>do **operão** </u>da **treonina** em *E c* oli (Fig. 12). **Na presença de** **treonina,** a síntese das enzimas envolvidas na produção deste aminoácido, nomeadamente <u>a</u> <u>treonina sintetase,</u> é **impedida**. O gene regulador sintetiza normalmente <u>uma proteína </u>que <u>é</u> <u>inativa na ausência do repressor de treonina.</u>

<u>Na presença do repressor, forma-se um complexo com a proteína </u>e este complexo impede a ligação da RNA polimerase. A transcrição e a síntese não têm lugar: é o estado reprimido.

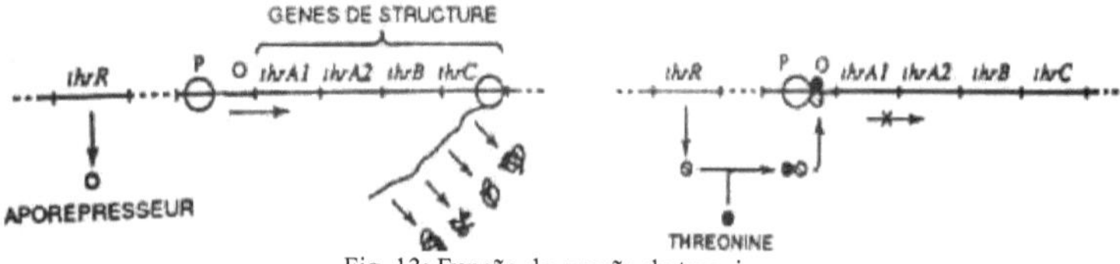

Fig. 13: Função do operão da treonina

4.2 .2 Contraste positivo específico

a) Indução

O grupo de <u>genes "malA"</u> contém <u>dois genes estruturais </u>que codificam as enzimas do catabolismo da maltose: <u>a amilomaltase e a maltodextrina fosforilase</u>. Estas enzimas <u>só </u>são sintetizadas <u>na presença </u>de maltose e/ou maltotriose.

A maltose actua como um <u>coactivador </u>para a ligação da RNA polimerase em conjunto com <u>o</u> <u>produto do gene *malT*</u>.

Na ausência de maltose, este produto deixa de ser ativador. É de notar que o produto ativador está igualmente ativo num outro grupo de genes estreitamente relacionados, igualmente implicados no metabolismo da maltose: os genes *"malB"*: *malG, F, E, K, B, M*implicated in transport, bem como o gene *malS*.

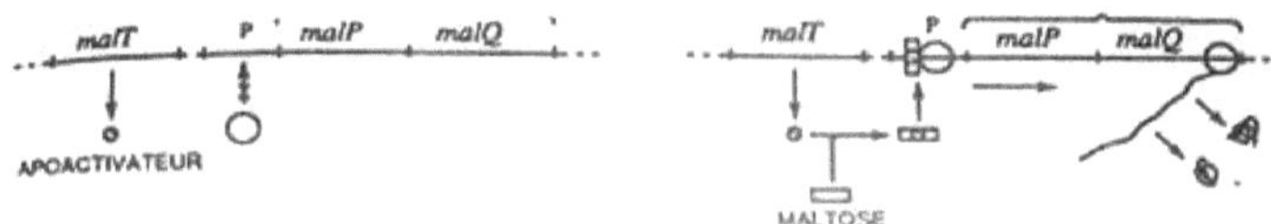

Fig. 14: Sistema de controlo + indução de maltose *por Escherichia coli* (malP: maltodextrina fosforilase
; malQ: amilomaltase)

b) **Repressão:** Ocorre no **operão da fosfatase alcalina** *de E. coli* (Fig. 14). O excesso de fosfato inorgânico reprime a síntese da fosfatase alcalina (phoA). Actua como um antiactivador do produto do gene regulador phoB (ou phoR), que é necessário para a ligação da RNA polimerase. Na ausência de fosfato, a ativação é correta e a síntese tem lugar.

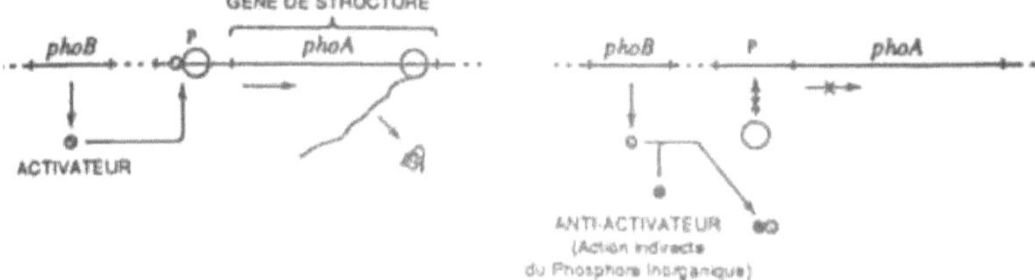

Fig. 15: Sistema de repressão + controlo da fosfatase *de Escherichia coli* (phoA: fosfatase alcalina)

4.3 - Contraste não especificado
a) Supressão do catabolismo pela glucose
A presença de um produto interrompe a síntese de numerosas enzimas pertencentes a mais de um operão (Tig 15,16). Esta repressão ocorre principalmente em sistemas de enzimas catabólicas que são geralmente induzíveis: daí o nome repressão catabólica. Uma das consequências deste sistema é **o** phënomëne **dialético** que aparece na presença de uma mëlange glucose/lactose: a indução da β-galactosidase e" portanto a utilização da lactose não pode ter lugar enquanto a glucose permanecer no meio).O seu mëcanismo é bem conhecido em *E coli* .

Na presença de glicose, o nível de AMP cíclico cai, uma queda que pode ser atribuída a vários factores: 1)uma queda na carga energética da célula de expressão 2)ativação da fosfodiesterase (que degrada o AMPc) e sobretudo 3)inibição da função da radenil-ciclase.O **AMP cíclico** é um elemento essencial deste sistema de regulação: actua como **coactivador** da iniciação da transcrição.

Uma proteína, denominada **CAP (ou CRP)** e constituída por duas subunidades, é o principal ativador, mas a sua atividade requer a presença de AMP cíclico. Trata-se, portanto, **de um** sistema regulador **de tipo positivo.** [glu]4) formação da **proteína III** que se liga à molécula CAP, que assume então a conformação **crCAP**: este complexo inibe a adenilil ciclase, o que provoca uma diminuição do nível de AMPc.

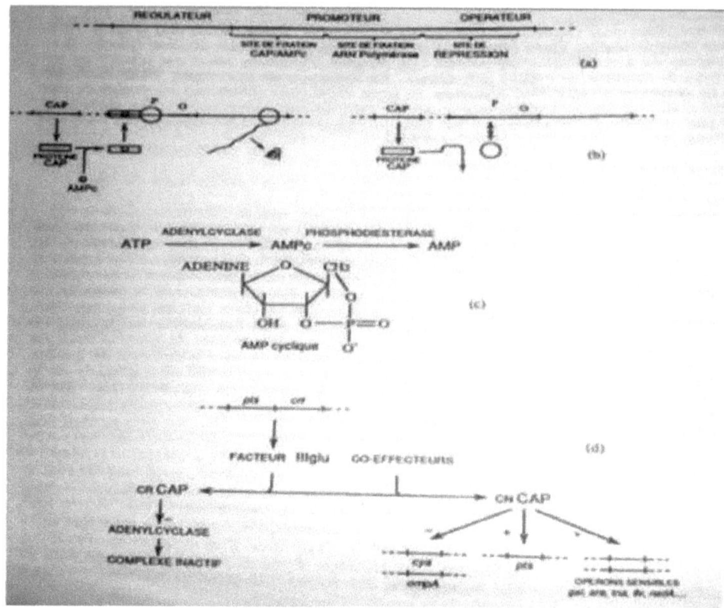

Fig 16 : Rë **pressão** catabólica pela glicose

Na ausência de glicose, há poucas proteínas Glu III e as moléculas presentes são fosforiladas:1) nesta forma, activam a adenilil ciclase, resultando num aumento dos níveis de AMPc. 2) Na presença de cAMP, a proteína CAP assume a sua conformação activadora **cnCAP**. Do mesmo modo, a proteína gluIII inibe certos sistemas de transporte de açúcares "não fosforilados", como a permease da lactose.

O efeito Crabtree é uma manifestação particular do efeito repressivo da glicose. A glicose inibe a síntese das enzimas respiratórias, induzindo ao mesmo tempo as enzimas fermentativas.

Este efeito, demonstrado pela primeira vez nas células dos organismos eucariotas superiores, está presente em numerosos microrganismos. Na *Escherichia coli*, a glicose inibe a síntese da succinodesidrogenase e ativa a da gliceraldeído-3P desidrogenase.

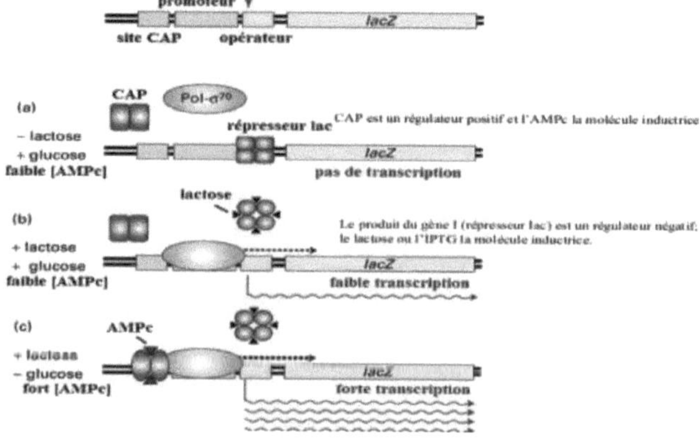

b)   Outros sistemas não específicos

Existem também casos de repressão catabólica pelo azoto e, mais particularmente, pelo **amónio**: esta repressão diz respeito à síntese de várias enzimas do metabolismo do azoto (nitrato redutase, nitrogenase, acetamidase, urease, xantina desidrogenase, asparaginase...) em bactérias aero-anaeróbias como a *Escherichia coli* ou *a Salmonella typhimurium*.

Há um contraste hiërarquístico de respiração e fermentação. As condições acrobáticas induzem a síntese de pelo menos 19 protëinas (piruvato dëshydrogënase, enzimas do ciclo de Krebs, etc.), enquanto as condições anaërobianas induzem a síntese de pelo menos 18 enzimas fermentativas (enzimas da glicólise, piruvato formato liase, etc.). Em *Escherichia coli*, o **gene** *fnr* controla positivamente o "estímulo anaëróbico", enquanto que *em Salmonella typhimurium*, existem pelo menos 2 genes reguladores.

Outras regulações mais ou menos específicas estão ligadas a este sistema e envolvem tanto a repressão como a iniciação da atividade enzimática: em *Escherichia coli*, **o oxigénio** reprime a síntese da nitrato redutase, não há atividade da etanol desidrogenase na presença de fumarato, etc.**A luz** é outro exemplo de um fator que provoca indiretamente um contraste não específico: a biogénese dos cromatóforos nas bactérias púrpuras não sulfurosas é estimulada pela luz.

4.4 Controlos múltiplos ou coordenados

a)   Operadores catabólicos induzíveis sensíveis à repressão catabólica pela glucose

O controlo do **operão gal em E. coli** é complexo. As enzimas envolvidas no metabolismo da galactose, que são enzimas induzíveis (regulação negativa), têm a sua síntese reprimida pela glucose, mas uma das enzimas, a **galactose epimerase**, tem um nível de síntese "constitutivo" não representável. **Na ausência de galactose,**.

Esta enzima é necessária para a célula converter UDPglicose -> UDPgalactose, que é fundamental para a síntese parietal. O operão contém 3 genes estruturais *galE* (epimerase), *galT* (transferase) e *galK* (kinase) que são transcritos a partir de 2 promotores parcialmente sobrepostos PG1 e PG2: um (PG2) não requer a presença do complexo AMPc/CAP, enquanto o outro (PG1) requer. **Na ausência de glicose**, o complexo CAP-AMPc liga-se ao sítio cat (localizado a -35) e o PGi funciona, permitindo a transcrição do tipo 1, enquanto o PG2 é bloqueado.

Na presença de glicose, apenas a PG2 está ativa, permitindo a transcrição do tipo 2 e, portanto, a síntese da epimerase. Os dois promotores são contrastados negativamente pelo produto do gene regulador *galR* através dos operadores OE e OI: esta proteína forma um tetrâmero que se associa aos dois operadores, formando uma estrutura em anel.

b)   Regulamento misto específico

Este tipo de regulação existe **no operão da arabinose** *da E. coli* (Fig. 17), que controla 3 enzimas: a arabinose isomerase, a ribulose quinase e a ribulose fosfato isomerase.

O operão *ara* é constituído pelos genes estruturais *araA, B e D* e por um gene regulador *araC*. O produto *araC* pode assumir duas conformações:

O sistema é sensível à repressão catabólica: o complexo CAP-AMPc ativa ambos os promotores. Na sua ausência, e em condições de indução, apenas se regista uma expressão fraca de PABD e nenhuma expressão de Pc.

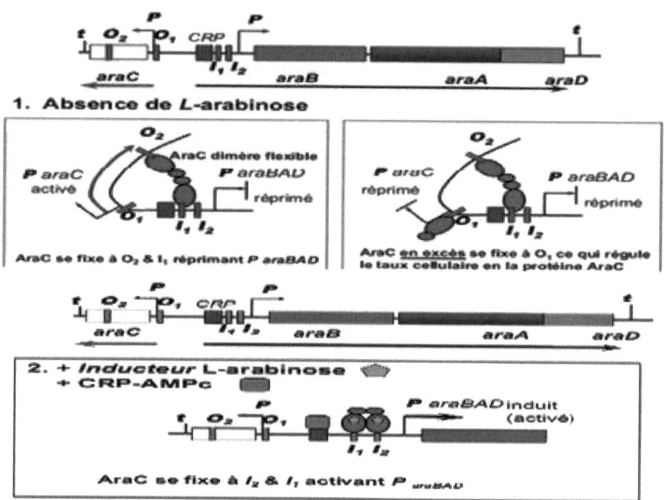

Fig. 18: Sistema de regulação específica do operão misto da arabinose de *Escherichia coli*

c) <u>Outros sistemas com vários operadores e promotores</u>

Pode citar-se um outro exemplo de regulação autógena. Em *Escherichia coli*, o repressor **do operão triptofano** codificado pelo gene regulador trpR actua sobre 3 loci: o operador *trpEDCBA* que controla os genes da síntese do triptofano, o operador *aroH* que controla os genes de 3 enzimas que catalisam a reação inicial da síntese de todos os aminoácidos aromáticos e, por fim, o seu próprio operador trpR.

O gene trpR é rëpпітë pelo seu próprio produto. É de notar que a sëquência dos genes estruturais trpE, D, C, B e A tem dois promotores: um promotor localizado^ no dëbut e que contém o opërator e um promotor secundário interno (Fig. 18).

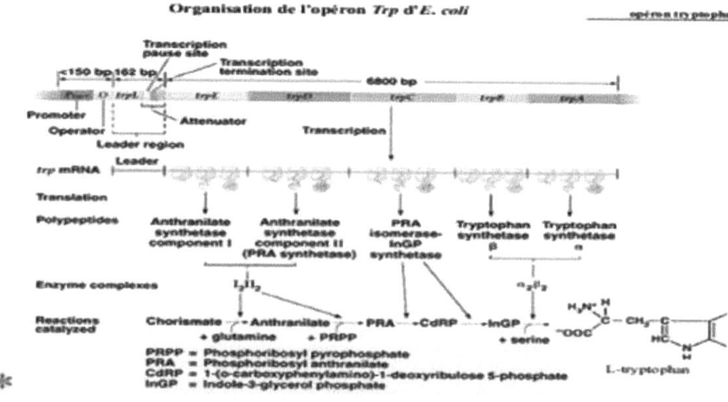

Fig. 19: Sistema de regulação do operão triptofano

NB:

A posição do ribossoma desempenha um papel importante na phënomëne de attënuatıon (Fig. 19).

Situação I: ausência de triptofano (ou quantidades insuficientes)

a)   os trp-tRNAs não estão disponíveis, o ribossoma pára nos códons trp, que cobrem a região 1.

b)   a região 1 não pode ser emparelhada com a região 2. em vez disso, a região 2 é emparelhada com a região 2.

região 3.

c)   a região 3 não pode, por conseguinte, ser comparada com a região 4.

d)   1 A RNA polimërase continua a transcrever toda a sequência de codificação da qual permite a síntese completa do ARNm.

Situação 2: A triptofância é abundante

a) o ribossoma não pára nos códons trp; continua a traduzir a sequência líder, parando na região 2

c)   a região 2 não pode ser emparelhada com a região 3; a região 3 é então emparelhada com a região 2.

região 4.

d)   este emparelhamento 3-4 constitui a sequência "atenuadora" e actua como um sinal de terminação

e)   a transcrição é concluída antes de a polimerase do ARN chegar aos gënes para a síntese de triptofano

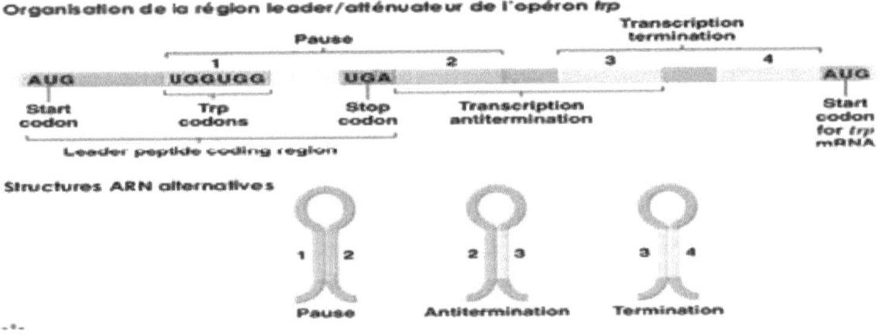

Fig 20 :Possível formação de loops de emparelhamento no operão triptofano

4.5 Outros tipos de contraste

a)Regulação por factores c :

Em **_Bacillus subtilis_**, vários factores _a_ podem estar envolvidos na ligação da RNA polimerase. A ligação é heterogénea e a enzima central pode combinar-se com diferentes factores.

Isto leva a alterações importantes na expressão dos genes aquando da esporulação ou da infeção por um bacteriófago lítico (**SPOl phage**): há uma ação em cascata dos factores c. O fator normal é o **c43**: este fator está envolvido na RNA polimerase que está ativa nas células vegetativas. Durante a esporulação, o c43 é substituído no início do processo pelo fator **c37** (e para certos genes pelo c32) e depois pelo fator **c29**. Durante a infeção lítica por bacteriófagos, o fator c43 é substituído pelo fator **gp28** e depois pelo par **gp33/gp34**.

Neste caso, o fator c43 permite a transcrição dos primeiros genes virais, um dos quais codifica o novo fator que assume a transcrição dos genes intermédios e assim sucessivamente.

Em **_Escherichia coli,_** a síntese das proteínas de choque térmico (17 proteínas) que surgem em resposta ao tratamento térmico está sob o controlo dos factores c (**c 70** é substituído por c **32**).

Na **Klebsiella pneumoniae**, *uma* bactéria capaz de fixar o azoto atmosférico, um mecanismo semelhante inicia a transcrição dos genes (*nif*) responsáveis pela síntese das enzimas envolvidas: o fator **o60** está envolvido, consecutivamente a uma deficiência de azoto.

Em *Escherichia coli*, existe uma situação semelhante para a regulação global do metabolismo do azoto: na ausência de amónio, a síntese de enzimas envolvidas na degradação de fontes alternativas é activada pela intervenção do fator o60.

b) Regulação por interação com a membrana

Existem sistemas de regulação que envolvem a membrana celular: é o caso do sistema *put* em *S typhimurium*, que está envolvido na degradação **da prolina**. Este sistema inclui o gene ***putP***, que codifica a prolina permease, e *o geneputA*, que codifica a prolina oxidase, uma enzima ligada à membrana.

Os dois genes estão adjacentes e são transcritos em sentidos opostos a partir de um promotor comum. A proteína *PutA* (prolina oxidase) associa-se à membrana logo que é sintetizada: quando todos os sítios são utilizados, o excedente vai para o citoplasma para inibir a transcrição dos dois genes.

C. Outros controlos da transcrição e da tradução em organismos procarióticos

C.1- Interações entre a transcrição e a tradução

C.1.1)Regulação por um ARN anti-sentido:A síntese das proteínas **OmpF e OmpC** (porinas) envolvidas na difusão passiva em *Escherichia coli* depende da pressão osmótica do meio: o nível de OmpF diminui quando a pressão osmótica aumenta, enquanto que, no caso oposto, há um aumento deste nível e uma diminuição paralela do de OmpC.

O gene *envZ* codifica uma proteína de membrana osmossensível. Quando a pressão osmótica do meio aumenta, o produto deste gene ativa a **proteína OmpR** (gene *ompR*). Esta proteína regula positivamente a transcrição dos genes independentes ompF e ompC.

O locus **ompC** é, de facto, constituído por dois genes contíguos transcritos de forma oposta: ompC e **micF**. O aumento da pressão osmótica induz, por conseguinte, a transcrição do **ARN micF**, denominado **"anti-sentido"** e capaz de hibridar com o ARN ompF, impedindo a sua tradução.

C.2.2 Regulamento de tradução

i) Regulação do início da tradução pela estrutura secundária :

Vários locais de iniciação podem ser controlados pela estrutura secundária do mRNA, que os bloqueia ou deëbloque dependendo da conformação. A formação de loops no mRNA impede a tradução.

ii) Regulação do início da tradução por uma proteína (regulação autónoma das proteínas ribossómicas)

Esta regulação é frequente para os óperons que codificam protëinas ribossómicas (óperons *Lll, S10, a, etc* em *E coli*). Uma das proteínas codificadas pelo operão (respetivamente as proteínas Ll, L4, S4, L10, etc.) funciona como repressor da tradução ao nível do ARNm correspondente.

iii) Regulamento do termo de tradução

Este fenómeno existe no caso da autorregulação da tradução do fator RF2 envolvido na terminação. Verifica-se uma deslocação de um nucleótido entre o quadro de leitura dos primeiros 25 aminoácidos e o dos seguintes, com o códão UGA no final do primeiro quadro. Na presença de um excesso de RF2, este códão de paragem é reconhecido e a tradução é interrompida. Em caso de défice de RF2, a tradução prossegue "saltando" o códão de paragem: o tripleto UGA é lido com o nucleótido C seguinte sob a forma de um quarteto que é interpretado como aspartato e a molécula de RF2 é sintetizada.

iv) "Resposta rigorosa

Na presença de más condições devido à falta de aminoácidos, o metabolismo bacteriano reage adoptando um nível mais baixo: esta resposta está associada a uma queda no nível de ARN estável. Isto pode dever-se à ausência de um determinado aminoácido ou a uma mutação num ARNt. A função normal do ribossoma é bloqueada. A guanosina tetrafosfato ppGpp e o pentafosfato pppGpp acumulam-se (reação de inatividade).

A indução desta produção deve-se à ligação do ARNt não carregado ao ribossoma e à ação **do fator "stringent"**. Este fator é uma proteína com propriedades de pirofosfato transferase, codificada pelo gene *relA*: associa-se a certos ribossomas (1 em 200), catalisando a síntese de polifosfatos de guanosina a partir de GDP ou GDP e ATP. A ppGpp bloqueia as reacções de tradução dependentes do GTP, acoplando-se aos factores de iniciação ou de alongamento, e bloqueia igualmente a ação da RNA polimerase sobre os genes de RNA estáveis.

4.7 Mecanismos de controlo em organismos eucarióticos

Os mecanismos básicos de regulação são semelhantes aos encontrados nos organismos procariotas mas, em geral, os sistemas são mais complexos. De notar que a expressão genética nos organismos eucariotas pode ser controlada por reacções de metilação do ADN (ao nível da citosina). Tal como nos organismos procariotas, a regulação ocorre principalmente no início da transcrição. As sequências **UAS ou URS** estão envolvidas e são reconhecidas por proteínas reguladoras.

4.7.1- Controlo da iniciação da transcrição

Os sistemas de regulação foram estudados principalmente em leveduras e em alguns bolores. O controlo do início da transcrição é específico de muitos genes de levedura.

A região localizada a montante (5') destes genes tem componentes que estão envolvidos neste processo: um sítio promotor e um sítio operador ou regulador. O sítio de controlo é frequentemente um sítio ativador: existem poucos exemplos de regulação estritamente negativa na levedura. O sistema de **arginina (ou "operão")** de *Saccharomyces cerevisiae* é um sistema que integra mecanismos de indução e de repressão.

Existe um acoplamento entre o funcionamento de dois genes: o gene de biossíntese e o gene de degradação. O produto do gene regulador (r) **reprime** a síntese da ornitina transcarboxilase (anabolismo) na presença de arginina (repressão).

O complexo arginina-r **inativa** o produto r' do segundo gene regulador que controla a síntese da ornitina transaminase (catabolismo), produzindo uma indução desta síntese. Na ausência de arginina, esta síntese é inibida por r'.

O caso da **nitrato redutase** no fungo *Aspergillus nidulans* é semelhante ao da arginina na levedura. Na presença de nitrato, a redutase do nitrato impede a transformação do produto derivado do gene regulador: esta transformação provoca normalmente a passagem de uma forma activadora para uma forma inibidora, resultando na ativação da síntese da redutase do nitrato.

Na presença de amónio, a redutase do nitrato permite a transformação inversa e, por conseguinte, inibe a sua própria síntese. Trata-se de um sistema de autorregulação.

Além disso, na levedura existem genes que são controlados de forma coordenada da mesma maneira que os operões bacterianos mas, na maior parte das vezes, os genes em causa não são transcritos em conjunto porque estão localizados em sítios diferentes, e mesmo em cromossomas diferentes. Por exemplo, 3 genes da biossíntese da histidina, regulados de forma coordenada, estão localizados em 3 cromossomas diferentes.

Estes sistemas coordenados são <u>controlados por proteínas ou ARN sintetizados</u> a partir de um gene regulador (denominado integrador) de tipo semelhante ao gene regulador bacteriano.

O <u>gene integrador é ele próprio controlado</u> por um sítio adjacente, <u>o "sensor"</u>. É o caso do **sistema da galactose** da levedura, que consiste numa bateria de genes dispersos por vários cromossomas e que contém talvez um dos raros operões eucarióticos: o grupo de genes *GAL1*, *GAL7 e GAL10* situado no cromossoma II.

A regulação da transcrição de todos os genes estruturais (pelo menos 5) é devida ao produto do gene *<u>GAL4</u>*. Os genes *GAL1* e *GAL10/GAL7* são transcritos em direcções opostas a partir de uma região central com promotores distintos.

Por conseguinte, <u>pode</u> considerar-se que os dois <u>genes *GAL10/GAL7*</u> constituem um <u>verdadeiro operão</u>, uma vez que formam uma única unidade de transcrição. Uma **sequência UAS** localizada entre os dois promotores contém 4 sítios de ligação para o produto *Gal4*. **Na ausência de galactose**, há uma <u>transcrição "basal"</u> de GAL1: <u>o produto Gal4 liga-se ao sítio IV da sequência UAS,</u> mas <u>não pode ativar a transcrição devido à presença simultânea do repressor Gal 80;</u> **na presença de galactose**, este produto <u>dissocia-se e o produto *Gal4* pode ativar a transcrição</u>. **Na presença de glucose**, o produto *Gal4* não pode ligar-se e ativar a transcrição.

Os genes de biossíntese de aminoácidos aromáticos (sistema aromático: arol, 2, 4, 5, 9) em *Neurospora crassa* constituem um pseudo-operão: na realidade, são um gene fundido que produz um único polipéptido multifuncional.

Na mesma espécie, **o sistema de degradação do ácido quínico** (genes *qa*) poderia ser <u>outro exemplo de um operão eucariótico</u>, mas todas as suas caraterísticas <u>não</u> são <u>ainda bem conhecidas</u>. **O sistema de fosfatase** da levedura é um exemplo de regulação complexa que envolve numerosos factores.

<u>Outros mecanismos reguladores específicos importantes para aplicações industriais</u> precisam de ser identificados na levedura.

Em *Saccharomyces cerevisiae*, <u>o oxigénio induz a síntese de citocromo C oxidase e peroxidase, lacticocitocromo C redutase, glicerofosfato citocromo C redutase e outras enzimas respiratórias</u>, e **estimula a biogénese mitocondrial**.

Os fenómenos de repressão catabólica são também bem conhecidos nos organismos eucariotas. **O efeito Crabtree** foi amplamente estudado nas leveduras: trata-se de um efeito particular da glicose que as diferentes espécies possuem em graus diversos e que é importante a nível industrial. <u>A glucose inibe a síntese de citocromos e induz a síntese de</u> enzimas de fermentação. O mecanismo deste efeito Crabtree parece ser **diferente** do do <u>efeito da glicose nos processos catabólicos</u> **bacterianos**: o papel do AMP cíclico é controverso. <u>A glicose provoca o aparecimento de sinais secundários que actuam em vários receptores de tipo "sensor",</u> alguns dos quais são controlados positivamente e outros negativamente.

Na levedura, <u>a produção de proteínas de choque térmico</u> (que contêm sequências de aminoácidos altamente conservadas) é <u>induzida por um aumento da temperatura,</u> bem como por outras <u>condições ambientais desfavoráveis</u>: esta produção é controlada a nível transcricional por um <u>sistema de regulação positiva.</u>

4.7.2- Outros mecanismos de regulação: controlo da tradução.

Este controlo é conseguido através de <u>limitações nutricionais ou energéticas,</u> bem como pela <u>correlação entre a natureza dos códons e a abundância de diferentes ARNt.</u>

Na levedura, <u>a eficiência dos ribossomas é modificada</u> em função da taxa de crescimento e do ciclo celular; em caso de choque térmico, há <u>uma tradução selectiva dos mRNAs envolvidos,</u>

devido a uma maior afinidade pelos ribossomas e pelos factores proteicos. Na levedura, existem fenómenos do tipo resposta rigorosa, mas o mecanismo preciso permanece obscuro; do mesmo modo, existe um sistema de autorregulação para a produção de proteínas ribossómicas.

Nos microrganismos eucariotas, é de salientar o papel desempenhado pelos transposões no controlo da transcrição. Na levedura, o exemplo mais clássico é o controlo do sinal sexual ou "tipo de acasalamento", mas existem muitos outros casos em que os elementos transponíveis estão envolvidos na modificação da expressão de um gene (ver capítulo 4 transposição). Por exemplo, os ëléments Ty ou 5 podem ser inseridos ao nível de um promotor impedindo a transcrição (por exemplo, resultando no fenótipo His).

Capítulo III

Mutações e sistemas de reparação

1-Mutações naturais ou espontâneas

1.1 Definição de mutação

Uma mutação é uma <u>modificação hërëditária </u>do material gënëtique de um indivíduo, na ausência de confronto com um material gënëtique ëtranger.Esta modificação pode ou não refletir-se ao nível fënotípico(visibIes).

1.2 . Informações gerais sobre as mutações naturais

Informações gerais sobre as mutações naturais

-a-Espontaneidade:(experiência de Lederberg;réplica de veludo) :indëpendência do meio: em princípio uma mutação ocorre ao acaso.

b-Descontínuo (abrupto): (numa única fita: lei do tudo-ou-nada); no entanto, comportamentos extremos, como por exemplo a resistência de alto nível às quinolonas em *E.coli*, surgem na sequência de mutações sucessivas em vários genes (mutações pleiotrópicas).

[-4-12-6-9]**c-Rarete** :A sua frequência de aparecimento varia entre 10 e 10, mas mais gënëralmente, entre 10 e 10 por gënëration

A taxa de mutação é a probabilidade de um mutante aparecer numa população durante um determinado intervalo de tempo. Este intervalo de tempo é geralmente o tempo de geração para organismos unicelulares.

Depende da natureza da mutação (espécie, gene afetado), do agente mutagénico e da sua dosagem (no caso de mutações induzidas) e, eventualmente, das condições físico-químicas circundantes.

A frequência mutante depende da taxa de mutação, dos parâmetros de crescimento das estirpes selvagens e mutantes e do tempo. O seu valor é deduzido a partir do declive da curva frequência=f(n ;nbre de gerações)(reta)

d-Estabilidade :

A caraterística adquirida pela mutação é transmitida à descendência e é mantida nas subculturas. No entanto, a estabilidade não exclui a reversibilidade da mutação.

A estabilidade, no entanto, não exclui a reversibilidade da mutação; a reversibilidade da mutação é possível pela intervenção de uma nova mutação.

E-Independência e especificidade: A mutação afecta geralmente apenas uma caraterística, respeitando as outras (por exemplo: M.*tuberculosis* sensível a todos os antibióticos ^ M.*tuberculosis* resistente à estreptomicina e sensível a todos os outros antibióticos).

A mutação de uma determinada caraterística não altera a probabilidade de mutação de outra caraterística. As mutações são independentes. Segue-se que a probabilidade de mutação simultânea em relação a duas caraterísticas é ëдаle ao produto das probabilidades individuais.

NB:

A/Variações fenotípicas: instáveis, não fixadas hereditariamente, sofrem alterações

1.3 Tipos de mutantes

A-Mutantes morfológicos:Caraterísticas morfológicas: flagelos, dimensões das células, forma da colónia.

B-Mutantes nutricionais: aparecimento ou desaparecimento de uma necessidade nutricional.

C-Mutantes resistentes a agentes antimicrobianos, antibióticos e metais pesados.

D-Mutantes letais condicionais: Mutação num gene cujo produto é essencial para a célula.

E-Mutações pleiotrópicas: Trata-se de uma mutação que afecta um único gene, mas que dá origem a vários fenótipos mutantes (o efeito da mutação afecta diferentes funções na célula).

1.4 Diferentes tipos de mutações

1.4.1 Classificação por natureza e localização

As mutações podem ser classificadas **em mutações nucleares** (ou cromossómicas) e **mutações citoplasmáticas**, consoante afectem o material genético cromossómico (cromossomas ou genóforos) ou o material extracromossómico (plasmídeos, mitocôndrias, etc.).

1.4.2 Consoante o tamanho do material genético em causa, distingue-se entre :

a)-Mutações genómicas. Estas afectam o número de cromossomas dos organismos eucariotas e, por conseguinte, a ploidia.

b)-Mutações cromossómicas. São intercromossómicas (organismos eucariotas) ou intracromossómicas (organismos procariotas e eucariotas): as mutações intercromossómicas consistem em alterações entre dois cromossomas e as mutações intracromossómicas afectam a estrutura de um cromossoma (as mutações intergénicas são geralmente designadas por mutações cromossómicas).

c)-Mutações genéticas. Encontram-se tanto nos organismos procariotas como nos organismos eucariotas. São mutações que afectam um único gene (**mutação intragénica**): podem ser mais ou menos extensas e distingue-se entre mutações pontuais e mutações não pontuais.

1.4.3- Classificação de acordo com as consequências para a duplicação e a transcrição

Existem dois tipos principais de alteração:

-Alterações mutagénicas resultantes de uma modificação limitada do ADN que não perturba a sua função (geralmente produzida por uma mutação pontual),

-e **as alterações inactivadoras,** provocadas por um mecanismo que perturba o próprio funcionamento do material genético (têm geralmente um efeito latente, mas uma única mutação pode ter o mesmo efeito se afetar um gene vital).

Consoante o caso, a mutação pode ou não estar ligada à multiplicação celular e podem distinguir-se outros tipos de alterações:

Alterações que não afectam a duplicação ou a transcrição:- Não têm consequências e, em princípio, não são hereditárias. Trata-se, por exemplo, de modificações químicas ou enzimáticas do ADN em sítios não envolvidos no emparelhamento (5 metilação das bases pirimidínicas).

-Alterações hereditárias que modificam a transcrição mas não a duplicação. -Estas são devidas a mutações pontuais. São exemplos a alteração da especificidade das ligações de bases complementares pelo ácido nitroso ou os mismatches causados pelo bromouracil.

-A modificação da transcrição pode ter efeitos ocultos ou efeitos no fenótipo (mutação) ou mesmo levar à morte.

Alterações que modificam a duplicação do ADN ou que provocam a síntese do ADN: são exemplos a formação de dímeros de timina por radiação UV, as alterações ou perdas de bases e, em geral, os casos de quebras de cadeias de ADN.

Alterações que modificam a transcrição e a duplicação - são alterações estruturais que levam a grandes distorções nas cadeias de ADN.

1.4.4 Transferências pontuais

Envolvem um único par de bases. Podem distinguir-se os seguintes casos **a-Substituição**

Um par de bases é substituído por outro. Se uma base purina é substituída por outra base purina ou uma base pirimidina por outra base pirimidina, há **uma transição**, caso contrário, há uma **transversão**. Para além das bases clássicas, existem análogos naturais (5-metilcitosina, 5-hidroximetiluracilo, uracilo) que podem ser incorporados. Este tipo de mutação ocorre geralmente durante a replicação.

b- Deleção:- Perde-se um par de bases. O resultado é uma mudança na leitura que, devido ao deslocamento produzido, resulta em códons diferentes: este tipo de mutação é conhecido como mutação **por deslocamento de quadro.**

c. Inserção - Um par de bases é adicionado. A inserção tem as mesmas consequências que a deleção na leitura da informação genética.

d. MODIFICAÇÃO - Um par de bases é modificado. As principais modificações são a formação de formas tautoméricas, a desaminação da citosina, as depurações, a formação de dímeros, etc. Estas mutações podem afetar o material genético em repouso.

1.4.5 Mutações shuffle:- Trata-se de elementos cromossómicos (ou cromatídicos) mais ou menos extensos, que vão desde alguns pares de bases (micro-shuffles) até fragmentos poligénicos.- Os shuffles são geralmente causados por quebras nas cadeias de ADN. -Estas quebras podem ocorrer durante a replicação ou fora dela: são mais frequentemente observadas aquando dos cruzamentos.

Dependendo do facto de os cortes ocorrerem antes ou depois da replicação, os rearranjos cromossómicos podem ser classificados em duas categorias: **os resultantes de aberrações cromatídicas** e **os resultantes de alterações cromossómicas.** Podem distinguir-se os seguintes casos gerais.

a. Deleção:- É a perda de um segmento; quando esse segmento é curto, é chamado de **microdeleção.** -As microdeleções intragénicas não devem ser confundidas com as deleções pontuais, pois são mais extensas e, portanto, mais difíceis de reverter. -A deleção pode ser interna (endocromossómica) ou externa (terminal, exocromossómica).

b.Inversão - É a inversão de um segmento. Esta inversão pode ser consecutiva à formação de um loop. -A inversão pode tornar um gene impróprio para a transcrição, uma vez que não pode ser lido na direção correta.

c.Translocação - A translocação é o movimento de um segmento de uma posição para outra no mesmo ou noutro cromossoma. Se houver uma troca de segmentos entre dois cromossomas não homólogos, diz-se que a translocação é **recíproca:** é homozigótica se afetar ambos os cromossomas de um par ao mesmo tempo e heterozigótica se afetar apenas um dos cromossomas de um par e um de outro par.

NB: Uma translocação recíproca entre dois sítios homólogos em dois cromossomas homólogos é uma **recombinação**; por outro lado, uma translocação recíproca entre sítios não homólogos em qualquer cromossoma é uma **mutação.**

E. Duplicação

-Uma sequência é repetida. O resultado é uma mudança na localização dos genes duplicados: esta mudança de posição pode modificar a expressão do gene.

1.1.6- Alterações de ploidia

A poliploi'die ocorre após uma mitose anormal (**endomitose**) e é então devida a um fuso mitótico que não funciona. Também pode ocorrer após uma meiose anormal.

A poliploidia é hereditária. Bastante comum nas estirpes industriais, conduz frequentemente a um aumento do tamanho das células e, sobretudo, a falhas frequentes na reprodução sexual, o que dificulta as tentativas de melhorar a genética destas estirpes.

A aneuploidia resulta da não disjunção dos cromossomas homólogos na meiose ou de anomalias na mitose.

1.5 - Diferentes tipos de agentes mutagénicos (Utilização na mutagénese)

Existem muitos agentes com potencial mutagénico: a maioria pode ser utilizada para obter mutações artificialmente, conhecidas como **mutações induzidas.**

1.5.1- Agentes físicos

a) Radiação ultravioleta

As radiações UV mais eficazes são as que têm comprimentos de onda entre 200 e 300 nm, uma vez que correspondem à absorção máxima dos ácidos nucleicos. As lâmpadas germicidas de mercúrio de baixa pressão são eficazes (^= 245 nm).

A radiação UV pode atuar diretamente através de reacções fotoquímicas. - A sua ação incide essencialmente sobre as bases pirimidínicas, dando origem à **dimerização** (dímeros de timina: 2T).

O resultado é uma deformação da cadeia, cujo efeito é geralmente letal. Este tipo de alteração ocorre tanto em bactérias como em microrganismos eucariotas (leveduras, bolores).

Os raios UV também provocam **transições** GC -> AT, mutações de deslocamento e deleções - A mutagénese UV é um método conveniente, fácil de executar com equipamento simples, não muito perigoso para o manipulador e não muito dispendioso. -A mutagénese por raios UV é facilmente reversível devido à presença de fenómenos de fotorreactivação em paralelo com os sistemas convencionais de reparação por excisão.

Em дёпёral, a radiação UV resulta numa curva de sobrevivência exponencial e não existe uma relação linear entre a frequência mutante e a dose.

b) Radiações ionizantes: - Podem ser **raios X ou** neutrões, dklectrões, etc. Estas radiações induzem a formação de radicais livres. -Provocam rupturas na cadeia, podendo ocorrer recombinações ou mutações pontuais quando a rutura é reparada.

Nos moldes, os raios X causam quebras simples e duplas nas pontes fosfodiéster, bem como dёsaminações ou dёshidroxilações de bases.

Como os danos cromossómicos causados são frequentemente muito graves, estes agentes só são utilizados como último recurso (no caso de organismos que são "impermëabIes" aos UV e não são receptivos às mutagënes químicas, como certos esporos de fungos). - Ao contrário do que acontece com os raios UV, existe frequentemente uma relação entre a frequência de mutação e a dose.

1.5.2- Agentes químicos

Existem muitos deles, que actuam por vários mecanismos. Não existe uma relação дё^гак entre a frequência de mutações e a dose: dependendo do caso, essa relação está ligada ou não.

A) Análogos de base

Só são eficazes em células em multiplicação. É frequentemente necessário utilizá-las num mutante auxotrófico da base em causa.

a.1)Uracilos 5-halogénios (5-bromouracilo, 5-clorouracilo, 5-iodouracilo):-Estes análogos da timina associam-se à adenina e, mais raramente, à guanina - a sua ação acaba por resultar **numa transição** AT -> GC (erro de replicação) ou numa **transição** CG -> AT (erro de incorporação).

a.2)-Aminopurina-Este análogo da adenina emparelha com bases pirimidínicas induzindo **transições** GC -> AT ou AT > GC.

b)- Agentes de transformação de base

b.1)Ácido nitroso (HN02):-Este composto instável produz principalmente mutações

pontuais, em particular hidroxilações e dësaminações oxidativas:
-Guanina -> Xantina: esta transformação é cetal
-Adënine -> Hipoxantina: induz uma transição AT -> GC
-Citosina -> uracilo: isto induz uma transição GC -> AT
- Este agente é praticamente inofensivo e a ação pode ser facilmente controlada: é frequentemente utilizado para as leveduras e bolores. -A sobrevivência segue uma lei exponencial e a taxa de mutação varia linearmente com a dose.

b.2) Hidroxilamina e seus derivados - Estes compostos redutores são capazes de produzir radicais livres na presença de oxigénio e de vestígios de metais. Os produtos formados podem inativar o ADN e provocar aberrações cromossómicas - **A hidroxilamina e a N-metil-hidroxilamina** provocam mutações pontuais, nomeadamente a transfomação citosina -> 4 (ou 4,6) hidroxilaminocitosina, que induz a transição GC->AT.

b.3)Outros produtores de radicais livres - Existem muitos compostos deste tipo. A produção de radicais livres depende frequentemente da presença de metais e é facilitada pela radiação.

-As hidrazinas e hidrazidas actuam da mesma forma que a hidroxilamina, sendo a sua ação mais eficaz em pH elevado.

-O peróxido de hidrogénio e os peróxidos orgânicos (como o peróxido de disuccinilo) actuam sobre o ADN através de radicais, alternando as bases e provocando cortes (alteração da desoxirribose). Pode também ocorrer a transformação adenina -> 7(ou 8)>-N-hidroxidinina. Os peróxidos provocam principalmente alterações inactivadoras e produzem poucas mutações pontuais; os organismos que possuem uma catalase estão protegidos. Os aldeídos e os fenóis também são susceptíveis de provocar mutações.

b.4)Agentes alquilantes:- São reagentes capazes de provocar metilação, etilação ou alquilação superior a nível da base e também a nível do grupo fosfato. -A alquilação tem lugar na posição N ou O, com eficácia variável consoante a base, a posição e o MO utilizados. -Por exemplo, o **EMS** (etilmetanossulfonato) é ativo em caso de não crescimento e com pouco letal, mas dá principalmente transições GC -> AT; o **MMS** (metilmetanossulfonato) é também ativo em caso de não crescimento e com pouco letal, mas dá principalmente transições GC -> TA; o **1,2- dibromoetano** é utilizado sob forma gasosa (geralmente em colónias de placas de Petri); dá transições GC -> AT.

b.5) Compostos N-nitroso:-Estes compostos altamente cancerígenos induzem mutações pontuais, bem como quebras e alterações cromossómicas (acilnitrosamidas e compostos relacionados).**MNNG** provoca metilações em 06 (guanina). Provocam taxas de mutação muito elevadas (até 50% em *Escherichia coli*) com baixa mortalidade, mas, por serem altamente tóxicos, devem ser manuseados com muito cuidado.

b.6)Metais: -O manganês é conhecido por provocar transições nas bactérias; nas leveduras provoca mutações no ADN mitocondrial; -O mercúrio pode provocar quebras cromossómicas nas bases purínicas e acidentes mitóticos nos organismos eucariotas. Do mesmo modo, outros metais (Co, Cr, Ni, Zn, Cu) podem causar mutações.

b.7)Aflatoxinas (micotoxinas):A aflatoxina B1 (AFB) dá origem a transversões GC - > TA; é inactivada pela água e pela luz, sendo a fotossensibilidade necessária para a manipulação sob luz amarela

b.8)Hidrocarbonetos:-Alguns hidrocarbonetos, aromáticos ou alifáticos, têm propriedades mutagénicas e cancerígenas. -O benzopireno é capaz de produzir transversões. Pode ligar-se covalentemente ao ADN, provocando torções que podem induzir grandes excisões.

1.5.3- Outros agentes que perturbam o funcionamento do material genético

a) **Agentes** intercalantes - São produtos que se colocam entre as placas de bases da dupla hélice ou que estabilizam os deslocamentos que ocorrem após as quebras. **As acridinas** são intercaladas entre duas purinas, o que pode dar origem a mutações pontuais do tipo "frame-shift". Certos agentes intercalantes (acriflavina, brometo de etídio) são particularmente activos no ADN extranuclear e, por conseguinte, induzem mutações citoplasmáticas.

b) **Inibidores da síntese dos ácidos nucleicos:-O hidróxido de N, a 2',3'-deoxiadenosina, a 8-etoxicafeína, a 5-fluorodesoxipurina** e outros compostos relacionados podem provocar quebras nos cromossomas e interferir na síntese do ADN e do ARN. **A azaserina** inibe a síntese das bases purínicas e **o uretano** a das bases pirimidínicas. -É de salientar que estes dois produtos, para além do seu papel inibidor na síntese dos precursores dos ácidos nucleicos, podem também atuar como agentes alquilantes.

c) **Indutores de poliploidia:** Existem venenos mitóticos que perturbam a função do fuso: **a colchicina, a cânfora, o acenafteno, o feniluretano, os alcalóides** da *Vinca rosea,* **os sais de chumbo**, etc. são capazes de induzir a poliploidia.

Outros compostos podem ter as mesmas consequências: substâncias de crescimento vegetal (rndole, ácido acético...), agentes cancerígenos (benzopireno, metilcolantreno...).

NB:

Teste de Ames para agentes cancerígenos: O aparecimento de uma anomalia está frequentemente ligado a danos causados no ADN. Este teste é utilizado para estimar o potencial carcinogénico de uma substância.

Princípio:-Organismo de ensaio: Salmonella typhimurium (febre tifoide), His-. -ST não se multiplica em meio sintético contendo histidina. O teste mede a reversão para a prototrofia na presença de mutagëne-S9 mistura: preparação de enzima de fígado de rato (trituração, centrifugação). O sobrenadante que contém as enzimas monooxigenase é conservado a 80°c - Esta preparação é utilizada para se aproximar o mais possível da realidade do homem (o fígado é o palco das reacções metabólicas de desintoxicação) -GS: supercamada de gelose utilizada para espalhar a preparação. -C2 é o dobro da concentração C1 do produto mutagénico a ser testado.

O teste é positivo se o número de mutantes com o produto C1 for pelo menos o dobro do número de mutantes espontâneos.

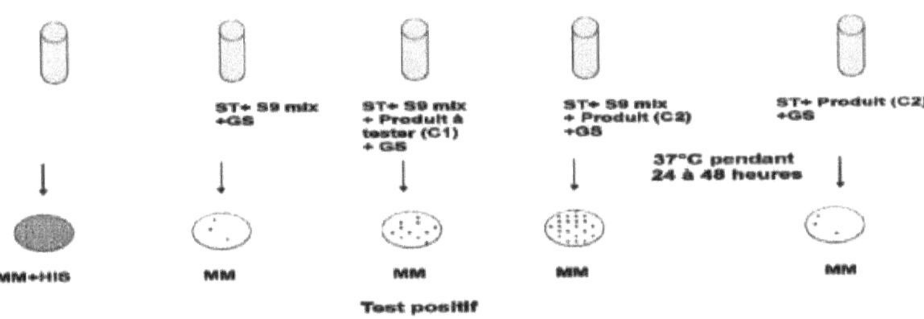

Fig. 21: Ilustração do teste de Ames

1.6 Sistemas de proteção do património genético

1.6.1 Proteção contra a intrusão de DNAs estranhos

Nas células procarióticas, existem sistemas de proteção do património genético que actuam através da destruição de ADN estranho que possa entrar na célula e competir **com o ADN nativo**.

A presença de tais sistemas é muito menos evidente nos organismos eucariotas. **Esta "xenofobia"** recorre a enzimas capazes de destruir o ADN intruso: **as endonucleases de restrição**.

Estes sistemas têm sido amplamente utilizados numa variedade de bactérias, em particular *Escherichia coli*, e o ADN nativo é reconhecido como tal e, naturalmente, escapa à laminação: isto deve-se a reacções de metilação em certas bases (adUnina e citosina) que marcam o ADN e permitem que este seja reconhecido em sequências específicas.

A principal fonte de mëtil **é a S-adenosilmetionina (SAM)**. O sistema dë depende da presença de vários genes: em Escherichia coli, os genes hsdR, hsdM e hsdS codificam, respetivamente, a endonuclease, a mëtilase e um fator de reconhecimento do local.O reconhecimento do ADN nativo aplica-se não só ao gënóforo bacteriano, mas também ao gënóforo dos bacteriófagos específicos da bactéria (o ADN do fago em causa é reconhecido e mUtilado, ficando assim protegido contra a ação da endonuclease de restrição do hospedeiro).

É de notar que existem outras mutilases para além das que actuam diretamente ao nível das endonuclUases de restrição:

A -DNA-adenina metilase (dam) efectua a metilação N6 da adUnina na sequência GATC, que está envolvida na reparação pós-aplicativa. Consoante o caso, as endonucleases podem ou não cortar esta sequência modificada.

^e**A DNA-citosina metilase (dcm)** efectua uma mUtilação C5 das 2 citosinas contidas na sequência CC(A/T)GG. Mais uma vez, o corte pode ou não ser efectuado, dependendo da enzima.

É de salientar que existem também reacções de mutilação do ADN em organismos eucariotas, cujo papel pode ser diferente: algumas estão envolvidas no controlo da expressão genética.

As bactérias contêm 3 tipos de enzimas de restrição, divididas em duas classes:

A classe I é constituída por: Sistemas binários que envolvem uma endonuclease e uma metilase separadas (tipo II). A sua ação requer a presença de Mg++, como no caso do sistema EcoRI *em Escherichia coli*, cujo local de ação é um palíndromo de 6 pares de bases: as bases mëthylëes que protegem as sequências indígenas deste tipo estão localizadas em ambas as extremidades.

Existem muitas endonucleases deste tipo, que são amplamente utilizadas na engenharia genética: são derivadas de diferentes espécies de bactérias e são capazes de reconhecer especificamente um grande número de sequências alvo.

As enzimas de origens diferentes com a mesma sequência alvo são designadas **por isocistómeros.**

A classe II é constituída por enzimas multiméricas com actividades tanto de endonuclease como de metilase (tipos I e III). Estas enzimas requerem a presença de ATP, Mg++ e SAM.

As enzimas EcoK ou EcoB *de Escherichia coli* são exemplos do tipo I. O sítio de reconhecimento envolve duas sequências de 3 pares de bases separadas: é responsável pela ligação da enzima em condições de metilação idênticas às do caso anterior.

A clivagem tem lugar num sítio não específico localizado a uma distância de 1000 pares de bases do sítio de reconhecimento e ligação. As enzimas EcoPl ou EcoP15 *de Escherichia coli* são exemplos do **tipo III**, que é bastante semelhante ao tipo I. O reconhecimento e a ligação ocorrem numa sequência assimétrica de 5 a 7 pares de bases, e a clivagem ocorre num local não específico bastante próximo do local de reconhecimento (24 a 36 pares de bases).

44

1.6- 2Proteção contra alterações que afetam o material genético

- A proteção do material genético está ligada à própria estrutura da célula:

- A membrana citoplasmática e a membrana nuclear (nos organismos eucariotas) são barreiras de permeabilidade para catiões, nitritos e a maioria das moléculas que podem desempenhar esse papel).

- Nas células eucarióticas, a condensação dos cromossomas, quando existe, protege a sua integridade no momento da segregação.

- A existência de uma dupla hëlice, contribui para a sua estabilidade: se uma das cadeias for alterada, a informação genética é mantida na outra.

- Sistemas enzimáticos: catalase, peroxidases.

- Regulação das propriedades físico-químicas do ambiente celular (pH, pressão osmótica, etc.).

1.6.3- Reparação de alterações

- As células dispõem de mecanismos de reparação destinados a retificar certas alterações do material genético: trata-se de sistemas enzimáticos mais ou menos específicos.

- Os erros de replicação são normalmente reparados pelas próprias polimerases, devido à sua atividade de exonuclease: ocorre a reparação por revisão.

- Além disso, existem sistemas de controlo pós-replicação que corrigem quaisquer falhas remanescentes (reparação de incompatibilidades).

1.6.3.1)   Reparação por reversão direta da lesão

a)   Foto-restauração após mutação ultravioleta (UV)

• Os raios UV provocam o aparecimento de dímeros de timina (ou, mais raramente, de outras bases) que são reparados pela ação da luz.

• O dímero é cortado por uma enzima de fotorreactivação, a "fotoliase" (ou enzima PR), que é activada pela luz azul (300 a 600 nm), mantendo a espinha dorsal da fosfodesoxirribose.

• Este sistema existe em bactérias (gene phr em Escherichia coli) mas também em leveduras.

• Note-se que os dímeros de timina podem também ser reparados por outros mecanismos (não específicos desta lesão) que não dependem da luz (reativação no escuro) e que envolvem processos de excisão ou de recombinação (descritos abaixo).

b)   Desalquilação

• Os agentes alquilantes são capazes de transferir um resíduo de metilo ou, mais geralmente, de alquilo para uma base.

• A guanina é particularmente sensível (formação frequente de O6-metilguanina ou N7 metilguanina), mas são possíveis outros alvos (O4

da timina, por vezes N3 das purinas, O2 das pirimidinas...).

• A Escherichia coli possui uma proteína induzível, a alquilguanina-DNA alquiltransferase (produto do gene ada), que é capaz de desalquilar a alquilguanina sem quebrar a espinha dorsal da fosfodesoxirribose.

1.6.3.2)   Sistema de reparação dependente da homologia

• Explorar propriëtës de complementaridade antiparalela para restaurar segmentos de DNA danificados.

• Nestes sistemas, um segmento de uma cadeia de ADN é eliminado e substituído por um segmento de nucleótidos recém-sintetizado complementar à cadeia modelo.

• Um sistema (reparação por excisão: por exemplo, BER e NER) repara os danos detectados antes da replicação. O outro sistema (pós-replicativo) repara os danos detectados durante ou após a replicação (MMR).

a) Reparação por excisão

• Estas reparações são possíveis graças à estrutura de cadeia dupla do ADN.

• A cadeia intacta serve de matriz para reparar a cadeia alternativa.

• As reparações mais frequentes dizem respeito a sítios de depurinação ou sítios com dímeros de timina, uma vez que estas alterações são as lesões espontâneas mais comuns.

• De uma forma mais geral, estas reparações aplicam-se quando as alterações conduzem a uma modificação da estrutura da dupla hélice (lesões volumosas).

Na Escherichia coli, existe um sistema de excisão de baixa amplitude e um sistema de excisão de alta amplitude.

• A primeira, que é constitutiva, afecta cerca de vinte nucleótidos: é a mais frequente, ocorrendo em 99% dos casos, geralmente durante a depuração espontânea.

• A segunda, que é induzível, pode envolver até 10.000 nucleótidos: no entanto, o número médio de nucleótidos excisados é de cerca de 1.500.

A.1)Reparação por excisão de bases (BER)

• As fases da reparação por excisão são as seguintes (Fig. 21):

• a)-Reconhecimento do local e clivagem da ligação N-osídica pela DNA-glicolase com o aparecimento de um local AP (apurínico ou apirimídico)

• b)-Incisão, ou seja, rutura da ponte de fosfodesoxirribose na ligação diéster por ação de uma endonuclease AP (sítio AP; apurínico ou apirimídico).

• c) Excisão dos nucleótidos envolvidos na lesão e, por vezes, de nucleótidos próximos, por ação de uma desoxirribose fosfodiesterase.

• A excisão envolve um número variável de nucleótidos.

• d) Síntese de restauração da parte excisada por polimerases que utilizam a cadeia intacta como matriz. Em Escherichia coli, a polimerase I parece ser responsável pela síntese de sequências curtas e a polimerase III pela síntese de sequências longas.

• e)-Soldagem por uma ligase, que nas bactérias é dependente de NAD.

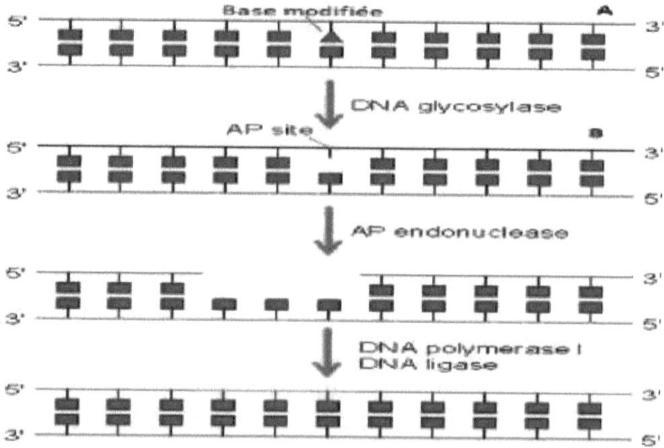

Fig. 22: Reparação por excisão de bases (BER)

A.2)Sistema de reparação por excisão de nucleótidos (NER)

• Em vez de reconhecer uma determinada base danificada, o sistema BER ou NER detecta a deformação da dupla hélice causada pela pressão de uma base anómala.

- Em *E. coli*, este complexo é composto por três actividades enzimáticas codificadas pelos **genes UvrABC** (Fig. 22), detecta a deformação e corta a parte danificada em dois locais de cada lado da lesão.
- A exonuclease UvrD, excisou (cortou ou eliminou) precisamente 12 nucleótidos: 8 nucleótidos de um lado da lesão e 4 do outro (nos humanos, entre 27 e 30 nucleótidos são eliminados por um sistema semelhante).
- A lacuna de 12 nucleótidos é então fechada pela ADN polimerase I, utilizando a cadeia modelo para produzir uma cópia exacta da sequência de ADN original.
- A DNA ligase sela então o novo oligonucleótido.

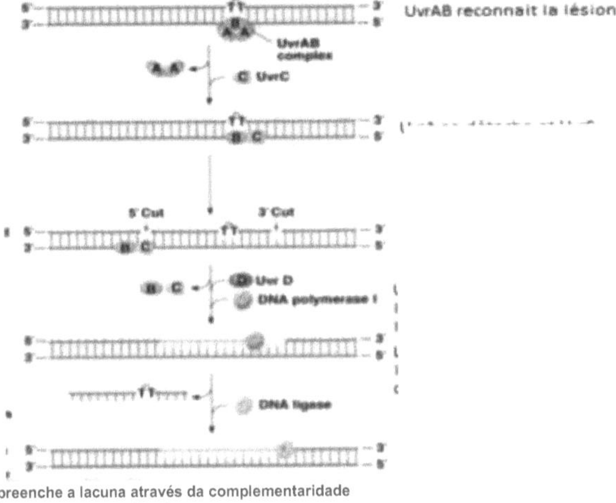

A DNA polimerase preenche a lacuna através da complementaridade
UvrA desprende-se e Uvrt agarra-se a UvrB
ADN ligase Une-se a extractos
A UvrD liga-se ao oligonucleótido que contém a lesão e imina-o
Activiti endonuclease de UvrBC

Fig. 23: Reparação por excisão de nucleótidos (NER)

b) - Sistemas de reparação dependentes da homologia
b.1) Reparação de incompatibilidades MMR (pós-replicativa)

- Durante a replicação, alguns erros são reconhecidos, mas não podem ser reparados pelas funções de revisão 3'-5' da polimërase, uma vez que não há modificação das bases ou dëformações do DNA, mas pode consequentemente gerar mësappings entre as bases.
- Em seguida, é implementado um outro sistema, denominado Mismatch repair (MMR), que efectua :
- 1. Reconhecimento de pares de bases emparelhados
- 2. Determinar a base incorrecta.
- 3. Excisão da base incorrecta e reparação por neossíntese do fragmento excisado.
- Trata-se de um sistema de reparação multienzimático (Fig. 23).
- **O MutS** patrulha o ADN à procura de correspondências erradas e detecta a cadeia que contém o erro, distinguindo o grau de metilação das duas cadeias.
metilo)
- A helicase, MutU, quebra a dupla hélice ao hidrolisar as ligações de hidrogénio.
- A endonuclease MutH incisa e corta a cadeia muda a uma certa distância de cada lado da base errónea.

47

- O ADN Pol III ressintetiza o fragmento em falta.
- A ligase volta a juntar as duas peças.
- A distância entre o sítio GATC e o mësapair pode ser de até 1.000 pares de bases.

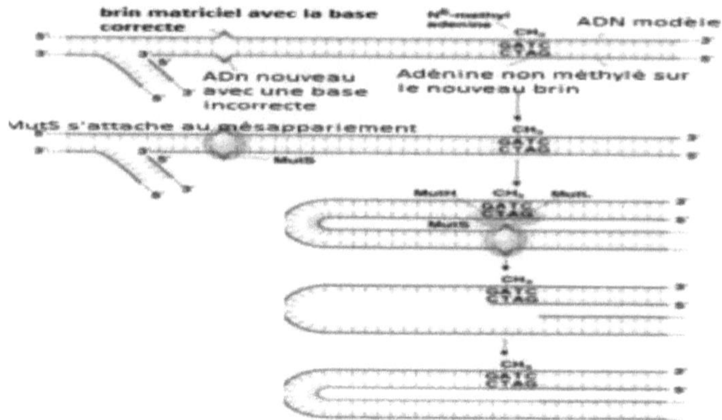

Fig. 24: Reparação de incompatibilidades "MMR

1.6.3.3- Reparação de quebras de cadeia dupla (DSB)

- Ao contrário dos mecanismos descritos acima, este mecanismo permite que as mutações sejam reparadas simultaneamente em ambas as vertentes,
- Atualmente, reconhecemos dois mecanismos: NHEJ (non-homologous end joining) e recombinação homóloga.

a) Reparação através do sistema NHEJ (Non-Homologous End Joining)

- Trata-se de um mecanismo não conservador, o que significa que não restaura a sequência inicial do ADN, mas apenas a continuidade do ADN danificado por uma quebra de cadeia dupla.
- Esta reparação conduzirá, assim, a uma alteração da informação genética, geralmente uma supressão, e, por conseguinte, ao aparecimento de uma mutação no gene em causa, se a rutura ocorrer num gene.
- Esta reparação é possível graças à intervenção da proteína dimérica **Ku70/80**, que interage com as duas extremidades do ADN resultantes da quebra (Fig. 24).
- Esta proteína Ku tem várias actividades:
- Atividade de nuclease: eliminação de nucleótidos danificados incompatíveis com a ligação terminal. (Em especial, a Ku produz extremidades 5'-fosfato e 3'-OH compatíveis com a sutura da cadeia pela DNA ligase).
- Recrutamento de outras proteínas envolvidas na reparação: uma proteína quinase dependente do ADN (DNA-PK), uma DNA ligase específica (D) e uma transferase terminal (TdT),
- De cada vez que a proteína Ku70/80 verifica se a hibridação é ou não possível, (2 a 4bases) a junção é estabilizada e a quebra é transformada em duas lesões de cadeia simples.
- Quaisquer regiões de cadeia simples restantes são então preenchidas por uma polimerase de ADN que utiliza como modelo a cadeia de ADN que acabou de ser reparada pela proteína Ku.
- Ku também recruta uma DNA ligase específica (DNA ligase IV em eucariotas, DNA

ligase D em bactérias) que sutura as cadeias entre si, reformando as ligações fosfodiéster clivadas.

NB:
Quando as extremidades da quebra da cadeia não são claras, a proteína Artemis actua eliminando algumas bases. A sua atividade de endonuclease é auxiliada pela transferase terminal TdT e vai permitir que as cadeias sejam suturadas pela DNA ligase. É durante este "processo final" que certas bases podem ser destruídas, conduzindo a mutações.

<2 DU

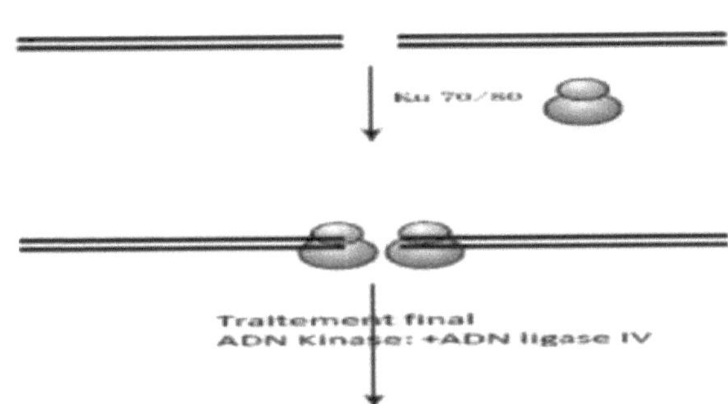

Fig. 25: Reparação através do sistema NHEJ

b) Reparação por recombinação homóloga
Este sistema permite efetuar reparações na ausência de uma matriz ou reparações de lesões muito extensas.
- Este é o mecanismo que faz com que as moléculas de ADN se troquem.
- A recombinação homóloga é iniciada por uma quebra de cadeia dupla no ADN.
- O mecanismo de recombinação homóloga segue três etapas principais:

-Uma fase pré-sináptica
- 1)Ressecção Após a formação de uma quebra de dupla cadeia de ADN, a recombinação homóloga é тШёс pela dëgradação, em ambos os lados da quebra, da cadeia de ADN orientada na direção 5'-3'.
- 2)Montagem do filamento RAD51
- O DNA de fita simples дёпёrё por ressecção é imeditamente ligado por RPA, uma proteína abundante com alta afinidade para o DNA.
- Esta protina deve ser deslocada para permitir a montagem da recombinase Rad51/RAD51 (RecA em procariotas).
- **Uma fase sináptica**, que envolve a procura e a troca de uma cadeia de ADN com uma sequência intacta semelhante (homóloga), de modo a reparar a quebra.
O mecanismo subjacente a esta procura de homologia é ainda relativamente desconhecido.
- Uma vez identificada a sequência homóloga no filamento de RAD51, a proteína RAD54(Rec A) desliza ao longo do filamento e, ao mesmo tempo que enrola a cadeia de ADN "seeker" e o seu complemento para formar um ADN heteroduplex, destaca a proteína RAD512.
- A estrutura resultante desta mudança de cadeia, que compreende um ADN heteroduplex de cadeia dupla e um ADN de cadeia simples deslocado, é conhecida como laço D (de Displacement loop).
Uma fase pós-sináptica durante a qual os intermediários de troca de cadeias de ADN são

49

resolvidos após a síntese de ADN necessária para restaurar a sequência perdida no local da quebra.

1)Síntese de ADN

• I . extremo 3' da cassëe motecule encontra-se hybridë ao seu homólogo intacto dentro do D-loop.

• Uma polimerase de ADN tende a este extremo, utilizando o ADN complementar intacto como modelo. É este passo que permite a reaquisição da informação perdida no local da quebra.

2)Resolução

• Uma vez concluída a etapa de síntese, o anel D pode ser desmantelado ou resolvido. Vários sub-mecanismos derivam deste intermediário (SDSA (Svnthesis- Dependent Strand Annealing/DSBR (Double-Strand Break Repair)/BIR (Break Induced Replication).

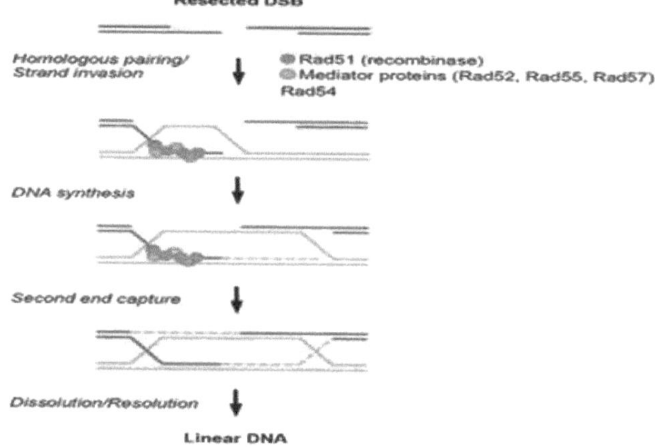

Fig 26: Reparação por recombinação homóloga

1.6.3.4-   Reparação SOS (Save Our Selves) ou por passe

• Este sistema induzido só está ativo quando o ADN foi danificado e a presença de lesões no ADN não reparadas induz mecanismos de reparação de emergência: na ausência destes mecanismos, a sobrevivência da célula está em jogo.

• O número de mecanismos envolvidos na reparação de SOS varia consoante a espécie bacteriana.

• Em Bacillus subtilis, existem quatro sistemas diferentes, em comparação com apenas um em *Escherichia coli*.

• A diferença entre estes mecanismos reside na natureza das proteínas envolvidas, que podem sofrer mutações. O mecanismo mais frequentemente encontrado é o demonstrado pela E. coli.

A) Mecanismo

• A reparação SOS é desencadeada quando a bactéria é submetida a um stress severo, resultando em lesões no ADN que põem em risco a sua sobrevivência.

• As bactérias não podem parar a replicação (ao contrário dos eucariotas) e têm de atuar mais rapidamente para reparar o ADN danificado (Fig. 26).

• A proteína RecA liga-se às cadeias de ADN e inicia a troca de cadeias. Tem também atividade proteolítica, que cliva a proteína LexA.

- A proteína LexA é um representante do sistema SOS e, quando é clivada, os genes envolvidos na reparação SOS são traduzidos em grandes quanta.
- No ADN danificado, o gene umuDC será traduzido em proteínas. Este gene confere às bactérias um poder mutagénico e permite-lhes sobreviver.
- Outros genes na resposta SOS, chamados de uvr, removerão as bases danificadas. Eles codificam a endonuclease do sistema de excisão geral para reparar o DNA danificado.
As proteïnas UmuC e UmuD nëosynthëtisëes ajudam a polimërase III a ultrapassar as barreiras de mutação.
- A proteína UmuD cliva-se automaticamente numa proteína UmuD' modificada que se complexará com a UmuC. Isto forma um complexo UmuD'2C que repara a cadeia de ADN danificada, permitindo que a polimerase III passe por cima das barreiras de tesão.

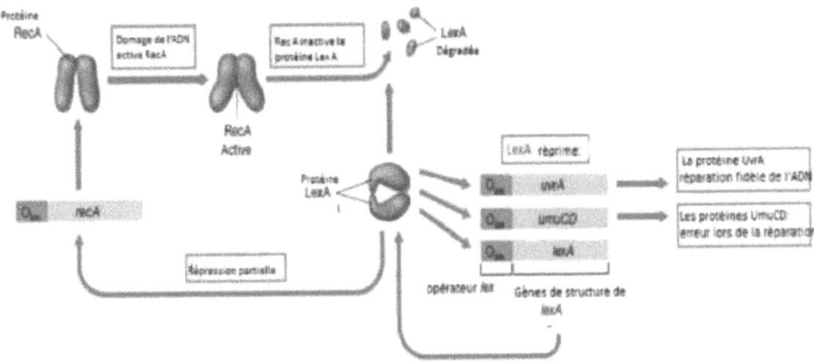

Fig 27: SOS de preparação

NB:
<u>envolvimento do mecanismo SOS na revolução bacteriana :</u>
1) Resistência das bactérias aos antibióticos
- Foi demonstrado que a resposta SOS regula a expressão da integrase do integrão de classe 1 de *Escherichia coli* e do integrão VchIntIA de *Vibrio cholerae*.
- Os integrões (elementos genéticos) são plataformas nas quais são inseridas e expressas cassetes de genes, que podem conter genes de resistência a antibióticos, entre outros.
- **2) Tipo de grama**
- É provável que o antepassado comum de todas as bactérias Gram-positivas seja uma bactéria Gram-negativa que perdeu a sua membrana externa e cuja parede se tornou mais espessa em resposta aos constrangimentos desta nova estrutura.
- Esta separação teria ocorrido há 1,4 mil milhões de anos
- Um estudo recente demonstrou que as mutações induzidas pela reparação SOS são responsáveis pela divergência entre as bactérias Gram-positivas e Gram-negativas.
- Estas diferenças entre espécies são utilizadas pelos cientistas para estimar quando é que outros organismos viveram.

Capítulo IV

Sexualidade, parassexualidade, a hereditariedade citoplasmática e o mecanismo de recombinação genética

1-Generalidades

A recombinação entre matrizes gëticas de dois indivíduos diferentes ocorre também naturalmente através dos processos de sexualidade ou parassexualidade.

De facto, a noção de recombinação vai muito além disso e, em termos gerais, a recombinação genética é qualquer processo de troca entre sequências de ADN.

A recombinação geral é o fenómeno mais comum. Está essencialmente envolvida em processos sexuais e parassexuais em que a informação é trocada entre sequências homólogas (ou, pelo menos, sequências com um elevado grau de homologia). Resulta de interações entre cromossomas homólogos inteiros ou entre fragmentos de cromossomas.

A recombinação é necessariamente intracromossómica nos organismos procariotas, enquanto que nos eucariotas também pode haver recombinação intercromossómica.

Nos organismos eucariotas, a recombinação ocorre frequentemente **durante a meiose**, graças à divisão redutora, que permite uma mistura significativa da informação genética.

As recombinações também são possíveis fora dos fenómenos sexuais, mas são muito mais raras e ocorrem durante a mitose de células diplóides (recombinações somáticas, cruzamento mitótico: "processo semelhante à meiose", etc.) Estas recombinações só são facilmente detectáveis em sistemas heterozigóticos.

Nos organismos procarióticos, a recombinação ocorre durante os fenómenos parassexuais e nos vírus ocorre como parte da célula hospedeira. Há casos de recombinação que não requerem o confronto de sequências de ADN homólogas: são as chamadas recombinações específicas do local. Envolvem vírus, elementos transponíveis internos e, por vezes, plasmídeos.

A sexualidade ou a parassexualidade resultam numa redistribuição de alelos dentro de uma população; isto pode conferir uma vantagem selectiva às células, permitindo-lhes fazer face a alterações nas condições ambientais.

2-Sexualidade em eucariotas

A sexualidade permite a mistura de informação genética de duas células, através de processos específicos e relativamente complexos: há um confronto entre dois gënotypes completos. Os phënomënes sexuais típicos só se encontram em certos eucariotas. Quando um biótipo de uma espécie normalmente sexual não tem sexualidade, ele é chamado de forma imperfeita.

A reprodução sexuada envolve várias fases: primeiro há o confronto do material genético de dois indivíduos, depois, possivelmente, a recombinação seguida da segregação de novos genótipos. Os mecanismos envolvidos na sexualidade dos eucariotas microbianos são extremamente variados e alguns são altamente complexos.

2.1 Noção de biociclo

A noção de sexualidade está ligada à do biociclo, que alterna entre a fase haplóide (n cromossomas) e a fase diploide (2n cromossomas). Durante estas duas fases, as células podem dividir-se através do processo mitótico, resultando no crescimento ou multiplicação "vegetativa" dos indivíduos.

Dependendo da espécie, esta fase de crescimento vegetativo ou de multiplicação afecta apenas as células haplóides (ciclo haplobiótico), apenas as células diplóides (ciclo diplobiótico) ou ambas (ciclo haplo-diplobiótico).

Os dois principais fenómenos sexuais que ligam as fases haploide e diploide são a fusão celular (cópula, hibridação, conjugação...) e a meiose. Durante a fusão, duas células haplóides copulam para dar origem à primeira célula, a fase diploide ou zigoto. Durante a meiose, uma célula diploide divide-se e dá origem às primeiras células da fase haploide ou esporos (no sentido estrito do termo).

Estes dois fenómenos podem seguir-se um ao outro em qualquer direção com um mínimo de intermediários (por vezes nenhum): isto explica a existência de ciclos sexuais haplobióticos (a meiose segue a fusão) ou diplobióticos (a fusão segue a meiose).

2.2 O mecanismo da fusão sexual

De acordo com **Esser e Kuenen**, podem distinguir-se diferentes tipos de sexualidade nos organismos microbianos eucarióticos. Estas diferentes possibilidades são encontradas nos bolores.

•   Presença de órgãos sexuais definidos (masculinos ou femininos) :

a) no mesmo indivíduo: as linhas são hermafroditas e duas linhas quaisquer podem cruzar-se (por exemplo: várias Euascales e Uredinales).

b) em indivíduos diferentes: as linhas são masculinas ou femininas e o cruzamento só pode ser efectuado entre machos e fêmeas (este caso é excecional e diz respeito a espécies raras). Ascomycetes e Phycomycetes, por exemplo Achlya).

•   bX^Nenhum "órgão sexual" caraterístico.

a) um indivíduo pode ser dador ou aceitador num cruzamento: as linhas numa situação próxima do hermafroditismo, mas pode haver incompatibilidades entre linhas que impeçam o cruzamento de qualquer linha (esta situação é comum em muitos moldes).

b) um indivíduo é de um determinado signo (equivalente ao sexo) e só pode cruzar-se com um indivíduo do signo oposto (por exemplo: várias leveduras, Mucor...).

Quando a fusão afecta células morfologicamente idênticas, **existe isogamia**, e quando afecta células diferentes, existe **anisogamia ou heterogamia** (por vezes designadas por células masculinas e femininas). Quando a fusão é possível a partir de indivíduos pertencentes ao mesmo clone (de origem unicelular) ou a partir de células do mesmo indivíduo ou indivíduos do mesmo clone, existe **homotalismo.**

Se a fusão requer indivíduos ou células de indivíduos de clones diferentes, existe **heterotelismo**: neste último caso, os diferentes clones têm um tipo sexual claramente definido (a ou a, + ou -...) e a fusão só pode ter lugar, em princípio, entre dois clones de tipos diferentes e complementares.

A maior parte das vezes, tem apenas dois tipos sexuais: isto encontra-se em muitas leveduras (Saccharomyces cerevisiae...), bolores (Mucor...), algas (Chlamydomonas...) e protozoários (*Paramecium aurelia*...).⁺ No entanto, existem casos mais complexos: a levedura Schizosaccharomyces pombe pode ser tanto homo como heterotálica, tem três tipos sexuais devido a três alelos diferentes h , h . e h90.

Na levedura, o homo e o heterotalismo são controlados por fenómenos de transposição; a fusão celular pode ser dividida em duas fases: plasmogamia ou fusão citoplasmática e cariogamia ou fusão nuclear.

A plasmogamia pode ser facilitada por substâncias libertadas pelas células. Por exemplo, na levedura *Saccharomyces cerevisiae*, as estirpes a e a libertam substâncias peptídicas chamadas feromonas: o fator a (composto por 11 aminoácidos) e o fator a (composto por 13 aminoácidos) (codificados pelos genes MFa e MFa). Os factores a e a ligam-se a receptores celulares de sinal oposto e bloqueiam as células em fase Gl, o que facilita a plasmogamia. A plasmogamia pode estar ausente: neste caso, existe apenas uma troca de núcleos entre duas células e esta troca é geralmente recíproca. É o caso, por exemplo, *do Paramecium aurelia*.

2.3 Mecanismo da meiose

A meiose é uma sucessão de duas divisões: a primeira é redutora, porque modifica o ploi'die, e a segunda é equacional, sem modificar o ploi'die (Fig. 27). Durante este processo há apenas uma duplicação de cromossomas.

2.3.1 Fase da primeira divisão

a)Prófase

Esta fase é complexa e é tradicionalmente dividida em várias etapas que não são visíveis ou são apenas ligeiramente visíveis nas células microbianas eucarióticas devido à ausência de espessamento dos cromossomas:

1-Individualização dos cromossomas, que, ao contrário do que acontece durante a mitose, ainda não estão divididos em cromatídeos (**fase de leptóteno**).

2 - Pares de cromossomas homólogos (**fase de zigoto**). Os pares de cromossomas homólogos são chamados "bivalentes".

3 - Há pouca ou nenhuma fase de espessamento, ao contrário do que acontece nos organismos eucariotas superiores (**fase de paquíteno**).

4-Os cromossomas dividem-se em cromatídeos, resultando na duplicação do ADN (**fase de diplóteno**). As cromátides do mesmo cromossoma são conhecidas como cromátides de erro. Nesta fase, podem surgir **quiasmas**, ou seja, zonas de contacto entre as cromátides onde pode ocorrer o **crossing over**.

b) Metáfase, anáfase, telófase

Nos organismos eucariotas microbianos, a metáfase e a anáfase nem sempre são claramente distinguíveis (mesmo a microscopia eletrónica apenas mostra a evolução do fuso e das placas que se separam e se orientam, marcando a primeira divisão). Tal como na mitose, a membrana nuclear não desaparece em muitas famílias (nomeadamente nas leveduras).

Não existe interfase entre as duas divisões da meiose.

2.3.2 -Fases da segunda divisão

A segunda divisão, ou divisão equacional, assemelha-se à mitose normal: a exanência das placas e dos fusos permite seguir a sua evolução e, no final, formam-se 4 grupos de n cromossomas. Quando a membrana nuclear não desaparece, o núcleo permanece coeso mas sofre gradualmente uma deformação antes de se dividir; esta divisão é seguida pela do citoplasma com o aparecimento das primeiras células haplóides.

Em algumas espécies, podem ocorrer uma ou, por vezes, duas mitoses adicionais durante o processo de esporulação, elevando o número de esporos para 8 ou 16.

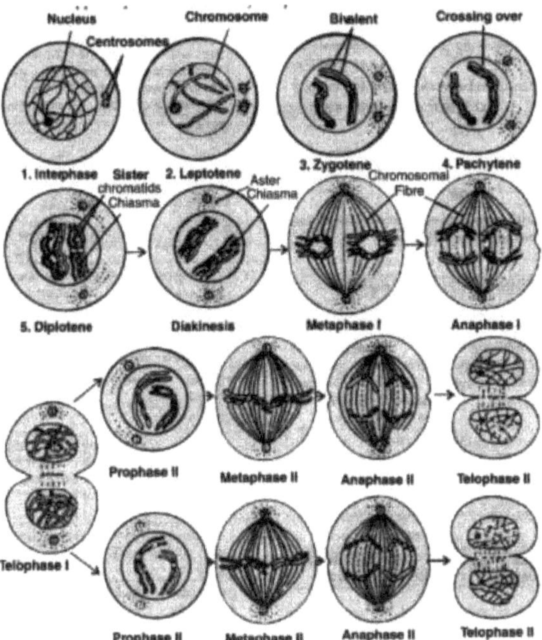

Fig 28 :Diferentes fases da meiose

3-Parasexualidade

A para-sexualidade é o modo normal de mistura genética nos procariotas, mas também se verificam fenómenos de para-sexualidade em certos eucariotas. A pansexualidade pode ocorrer através da hibridação (fusão somática) de duas células, caso em que se juntam dois genomas completos e se forma uma célula diploide, se houver cariogarnia. É o caso das leveduras e dos bolores.

A parassexualidade pode também ocorrer através da intervenção de uma célula recetora (cujo material genético constitui o endógeno) e de material genético de outra (exógeno).

O exógeno pode entrar de várias formas:

a) Diretamente, ou seja, sem a intervenção de um vetor: quer com contacto celular obrigatório (conjugação), quer sem contacto celular (transformação).

b) Por meio de um vetor de origem celular, geralmente um plasmídeo (transformação ou conjugação por plasmídeo, sexdução) ou por meio de um vetor externo, geralmente um vírus (transdução). Após a entrada, o exógeno pode ter vários destinos: ou é degradado pelos sistemas de restrição do hospedeiro, ou permanece num estado exógeno estável, ou é envolvido num processo de recombinação.

3.1Recombinação em vírus

Ocorre durante uma infeção mista. A mistura genética tem lugar entre os dois genóforos no interior da célula hospedeira, geralmente durante o processo de replicação. Podem ocorrer 4 a 5 operações de recombinação durante um único ciclo lítico: o mecanismo é o do cruzamento simples ou recíproco.

Mesmo nos bacteriófagos T (T4), existe um fenómeno de heterozigotia que corresponde à presença de duas cadeias com um alelo diferente, resultando na formação de um heteroduplex parcial.

Durante uma infeção mista, o genóforo de um vírus pode ser encapsulado num capsídeo híbrido composto por proteínas dos dois "pais". Neste caso, não há mistura genética propriamente dita e o híbrido obtido não é um recombinante. Este fenómeno é conhecido como "mistura fenotípica".

O caso mais extremo é quando o genóforo de um fago se encontra no capsídeo de outro: é a chamada transcapsidação ou camuflagem genotípica.

3.2 Parassexualidade bacteriana

a) Transformação

O princípio transformador é que o ADN entra na célula e é depois recombinado com o ADN endógeno: a caraterística introduzida não é acrescentada às caraterísticas existentes, mas toma o lugar de uma delas e torna-se hereditária.

A competência é uma caraterística induzida devido a uma modificação da superfície controlada por um fator protéico: depende do estado plisiológico e das condições ambientais.

No Streptococcus pneumoniae (Pneumococcus), e no Streptococcus do grupo H em geral, o processo de transformação natural envolve as seguintes etapas (Fig. 28):

O 1-DNA num estado bicatério liga-se a um local recetor (30 a 80 locais por célula).

A 2-Pënëtration na célula envolve uma endonuclease de membrana que atua como uma translocase de DNA, degradando uma das fitas e promovendo a pënëtration da outra.

3- A integração ocorre por recombinação com deslocamento da cadeia homóloga do recetor para formar um segmento heteroduplex.

A recombinação só é possível quando existe um elevado grau de homologia entre a endogënote e a exogënote.Os diferentes marcadores exogënote têm eficiências de transformação variáveis (VHE: eficiência muito alta, HE: eficiência alta, IE: eficiência intermédia, LE: eficiência baixa), dependendo da sua sensibilidade aos sistemas de reparação (os sistemas de reparação tendem a "apagar" as diferenças de homologia e, por conseguinte, a reduzir a eficiência da transformação).A transformação envolve fragmentos de ADN inferiores a 40 kb. Requer competência celular, que ocorre no final do crescimento. A transformação intergenérica também é possível, nomeadamente entre certas bactérias Streptococcus e Staphylococcus.

O mecanismo de transformação é marcadamente diferente em bactérias Gram- devido à peculiaridade da sua parede, como foi estudado em *Haemophilus influenzpe*.Para esta espécie, a competência está ligada a um aumento no nível de Lipopolissacarídeos na membrana externa, com uma modificação qualitativa: nenhum fator de competência poderia ser isolado. Além disso, não é certo que a entrada do DNA do doador ocorra na forma de fita simples, parece que Гopëraйоп passagem de fita dupla para fita simples ocorre dentro da célula.pënëtration requer o reconhecimento de uma sëquência de 10 bp (11 bp em Hemophilus).

A competência celular depende da presença **de pili, e** as transformações também podem ocorrer por transferência de plasmídeos não conjugativos. Em certos casos específicos, estes plasmídeos podem desempenhar o mesmo papel que o fator F na sexdução.

NB: As transformações artificiais podem ser conseguidas através da utilização de plasmídeos bem escolhidos. Em geral, durante estas transformações, o mecanismo de penetração é ligeiramente diferente: não há onversão de cadeia simples. Além disso, nestes casos, a eficiência dos plasmídeos utilizados (que são geralmente plasmídeos artificiais) é superior à do ADN de origem cromossómica.

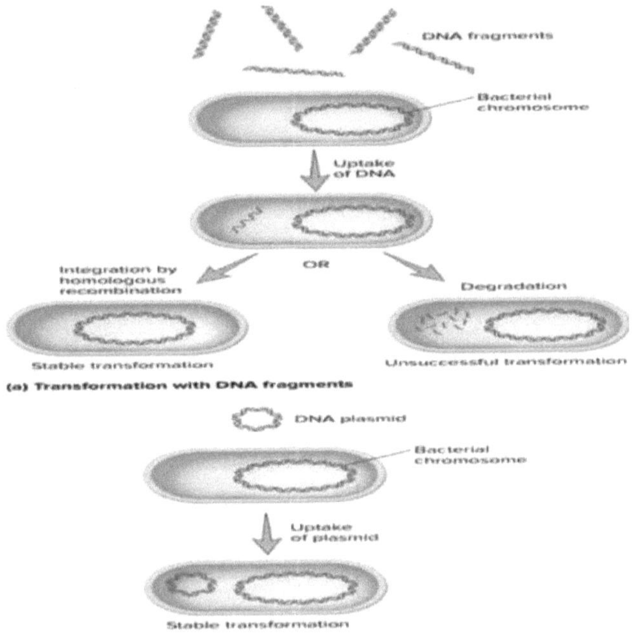

Fig. 29: Transformação bacteriana

b) Transfecção

A transfecção é um fenómeno semelhante à transformação, que envolve o ADN fágico e ocorre em muitas espécies bacterianas: *Bacillus subtilis, Haemophilus influenzae, Staphylococcus aureus, Escherichia coli, Salmonella typhimurium, etc.*

Em muitos casos, isto leva a que a célula produza vírus. Tal como na transformação, existem genes de competência que, nas bactérias Gram (*Escherichia coli, Salmonella typhimurium*), podem estar ligados a uma deficiência de lipopolissacáridos na membrana externa.

Para estas estirpes, a eficácia da transfecção depende da concentração de cálcio do meio. A absorção do material viral por uma célula competente nem sempre é eficaz: de facto, uma boa integração exige um certo grau de homologia entre o ADN endógeno e o exógeno e, neste caso, a homologia é muitas vezes insuficiente. Além disso, como o ADN integrado se encontra na forma de cadeia simples, não pode geralmente replicar-se.

Também se observou que a eficiência da transfecção é maior para estirpes receptoras deficientes no seu sistema de recombinação (rec-), mas aumenta se a estirpe recetora for lisogenizada por outro bacteriófago.Por exemplo, *o Bacillus subtilis* lisogenizado pelo fago φ105 é transfectado de forma altamente eficiente com ADN do fago φ SP02 e *o Staphylococcus aureus* lisogenizado pelo fago PI1 é um recetor mais eficiente.

c) Transdução

A transdução é a transferência de genes por meio de um vírus (bacteriófago) que é o vetor do exógeno. Este fenómeno é bastante comum nas bactérias (Enterobactérias, *Bacillus subtilis*, Pseudomonas, Staphylococcus, Streptococcus, etc.).

Existem dois tipos de transdução:

c.1) Tradução restrita ou especializada

Utiliza <u>bacteriófagos temperados </u>(Fig. 29) capazes de se ligarem ao cromossoma da bactéria recetora como um profago e de se multiplicarem com ela (sistemas lisogénicos), sendo o exemplo clássico a *Escherichia coli* e o bacteriófago lamba(^) (Fig. 30).

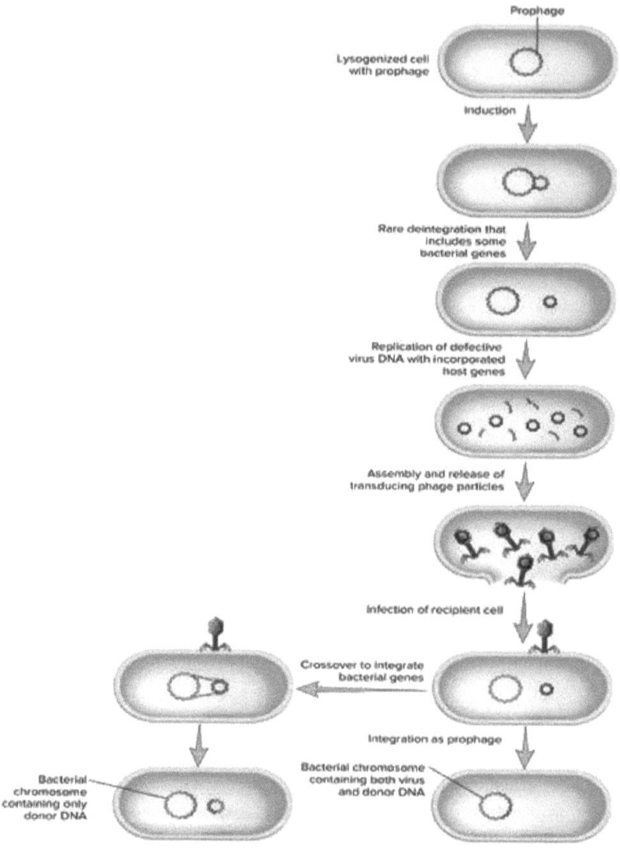

Fig 30 :Transdução especializada por um bacteriófago temperado

Este fago liga-se como um profago a um ponto específico do cromossoma, perto do locus gal. Quando o profago se transforma num bacteriófago virulento, algumas das formas de bacteriófago que transportam genes bacterianos podem ter perdido um ou mais dos seus próprios genes: diz-se que são defeituosas (^d). Um bacteriófago que transporta o gene bacteriano gal é designado por ^dgal.

Os bacteriófagos que transportam o exógeno podem transmiti-lo às bactérias que infectam (esta transferência é rara, a sua frequência é de 10-5; transdução de baixa frequência).

Bacteriófagos como o ^dgal não podem replicar-se ou transduzir-se a alta frequência por si próprios: requerem a presença de bacteriófagos normais conhecidos como bacteriófagos auxiliares.

Em casos raros, pode acontecer que o exógeno não se integre (funciona, mas não se replica), havendo, nesse caso, **uma transdução abortiva.**

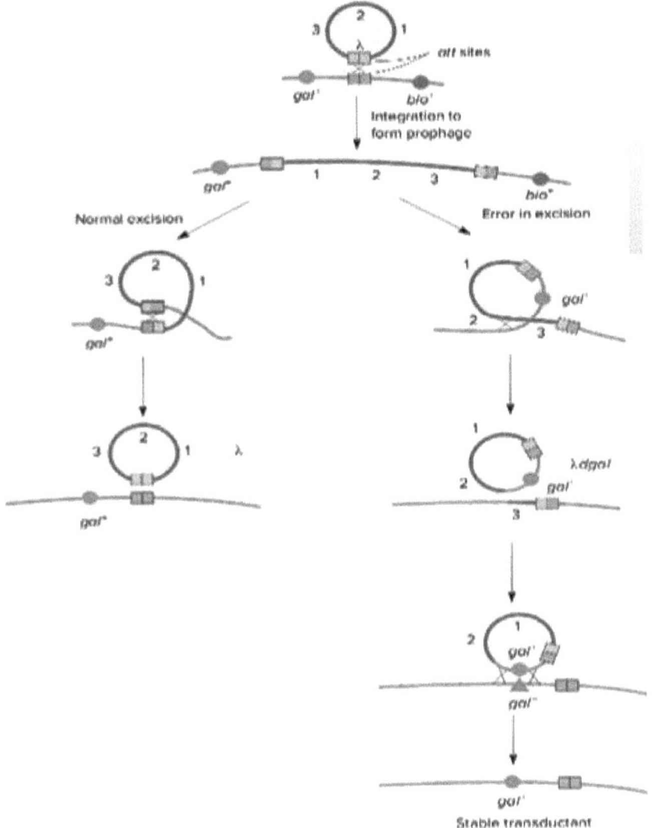

Fig 31 :Mecanismo de transdução do fago Lamba em *E. coli*

c.2)Transdução geral

Existem casos de transdução que permitem a transferência de quaisquer genes. Estas transduções podem ocorrer por vários mecanismos.

[-3]c.2-1) Par bacteriófago *P22/Salmonella typhimurium*: Esta transdução ocorre com baixa frequência (10). No momento da formação do vírus, que precede a lise, os bacteriófagos podem integrar fragmentos do cromossoma bacteriano previamente destruídos pela DNAase viral, em associação com o seu próprio material genético, ou no seu lugar (Fig.31).

Contrariamente ao caso anterior, em que a transdução só pode ocorrer por indução de uma bactéria lisogénica, este caso de transdução generalizada pode ocorrer durante um ciclo lítico normal. A transdução abortiva é frequente neste tipo de transdução generalizada: o vírus não pode integrar-se no cromossoma do hospedeiro se o seu genoma for demasiado incompleto, ou mesmo inexistente.

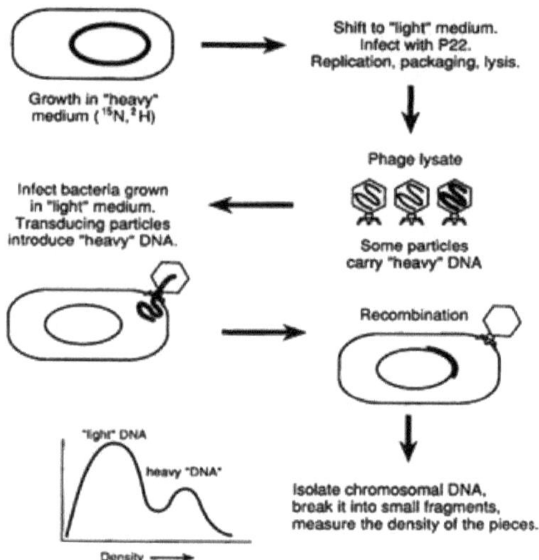

Fig. 32: Transferência física de ADN na transdução generalizada (exemplo do fago 22)

É de notar que o fago P22, embora semelhante a outros fagos do grupo ^ (^,φ80...), tem um mecanismo diferente para controlar os ciclos lisogénico e lítico: a inativação do repressor do ciclo lítico não é dependente de RecA, mas resulta da síntese de um anti-repressor do fago. Em condições lisogénicas, o anti-repressor não é sintetizado.

Staphylococcus aureus possui vários fagos temperados transdutores do tipo P22: φ 11 (com um DNA circular permutado de 45 kb), φ 12, φ 13. Da mesma forma, os fagos SP10 de *B. subtilis* e CPT1 de *Vibrio cholerae El Tor* pertencem à mesma categoria.

c.2-2) Um segundo tipo de transdução generalizada envolve uma bactéria lisogénica e um bacteriófago temperado capaz de se integrar em qualquer ponto do cromossoma e não num local específico (por exemplo, o bacteriófago Liu).

Durante a transdução com gu, o capsídeo pode conter várias combinações do genóforo do fago e vários fragmentos do genóforo do hospedeiro ou do plasmídeo.

c.3-3)Um terceiro tipo utiliza fagos que permanecem no estado extracromossómico após a infeção, ou seja, o fago PI de *Escherichia coli*. O fago comporta-se como um plasmídeo monocópia. O mecanismo deste tipo de transdução é pouco conhecido.

d) Conversão lisogénica

Após um estado lisogénico, uma bactéria pode adquirir novas propriedades que aparentemente não estão relacionadas com esse estado. É a chamada conversão lisogénica. De facto, a modificação é devida à presença de genes fágicos que provocam a expressão da propriedade.

Este fenómeno ocorre na *Salmonella anatum* e na *Salmonella holera- suis* (*enterica*): há uma modificação do polissacárido de superfície, ou antigénio O, após lisogenização pelo bacteriófago e ou outros bacteriófagos.

Do mesmo modo, a produção da toxina eritrogénica pelo Streptococcus do grupo A de Lancefield e das toxinas dos tipos C e D do Clostridium botulinum está ligada à lisogenização.

Este mecanismo explica as conversões interespecíficas descritas em Clostridium: o

Clostridium botulinum de tipo C não lisogénico pode ser convertido em Clostridium novyi pelo bacteriófago específico para a lisogenização desta estirpe.

e) Conjugação

Este phënomëne ocorre num grande número de espécies bacterianas (Entërobactëries, Rhizobium, Streptococcus, Streptomyces...). Foi particularmente bem estudada em *Escherichia coli*.

e.1) Plasmídeos conjugativos

A conjugação implica o contacto entre duas células: tem lugar um emparelhamento específico entre as células dadoras e as células receptoras. A célula dadora possui estruturas parietais que intervêm no emparelhamento e na transferência do material genético: **os pili sexuais**. Estes pili pertencem a <u>duas categorias, F e I</u>, que podem ser distinguidas por fagotipagem (bacteriófagos de ARN específicos) e imunologia.

Após o contacto, é provável que os pili se retraiam, fazendo com que as células se colem umas às outras. A formação de pili está relacionada com a presença de plasmídeos conjugativos na célula dadora.

Em princípio, as células receptoras devem ser do tipo "<u>fêmea</u>", ou seja, não devem possuir elas próprias plasmídeos conjugativos. As células que possuem uma classe de plasmídeos são maus receptores desse plasmídeo ou de plasmídeos vizinhos (lembre-se que existem fenómenos de incompatibilidade entre as diferentes classes de plasmídeos).

Em *Streptococcus faecalis*, foram identificados péptidos envolvidos na transferência conjugativa de plasmídeos, conhecidos como <u>hormonas sexuais ou feromonas</u>. Promovem o contacto entre as células dadoras e receptoras.

As células receptoras não contêm um plasmídeo e têm no seu genoma <u>um determinante (BS)</u> para um surfactante e um ou mais determinantes (cA, cB...) para uma feromona.

As feromonas são octapeptídeos hidrofóbicos termoestáveis e sensíveis à protease que induzem a produção de um <u>surfactante AS </u>complementar ao BS nas células dadoras.

As células dadoras têm os mesmos determinantes ao nível do genóforo, mas o plasmídeo que contêm transporta um recetor específico para uma feromona (RcA para feromona cA) cujo produto ativa o determinante AS.

O plasmídeo transporta igualmente um determinante (IcA) cujo produto inibe a autoprodução de feromonas.

Em muitos casos, por exemplo, com o plasmídeo pAMʙ1, temos um sistema binário: as fëromonas cADl e cPDl são excretadas pelas bactérias receptoras, enquanto os péptidos inibitórios iADl e iPD1 são excretados pelas estirpes dadoras.

A transferência de plasmídeos pode levar a que a célula recetora adquira novas propriedades a partir dos genes transmitidos, como a resistência a um antibiótico (o que constitui um verdadeiro problema no caso de estirpes receptoras patogénicas).

Note-se que os plasmídeos portadores de resistência (fator R) são classificados em 2 categorias, que utilizam pili I ou pili F para a sua transferência: os pili I são induzidos pelo fator colicinogénio ColEl (pColEl), enquanto os pili F são induzidos pelo fator F: ambos os tipos ligam vários fagos.

e.2)Fator F

[6]O fator F *de Escherichia coli* (Fig. 32), ou fator de fertilidade, é um plasmídeo conjugativo **do tipo epissoma**, ou seja, capaz de se integrar no cromossoma. É constituído por ADN e tem um volume correspondente a 1/50 do cromossoma bacteriano: o seu peso molecular é de 62,10 Da e contém 94 500 pares de bases.

O fator F tem genes para a replicação autónoma, para a formação de pili sexuais, para a transferência conjugativa e contém sequências de inserção (2 do tipo IS3 e 1 do tipo IS2).

As células que possuem o fator F são chamadas F+: são as células dadoras ou células "masculinas". O número de factores F por célula é baixo: 1 a 2.

Existe um controlo rigoroso do número de cópias. Este fenómeno pode ser explicado por uma regulação positiva que envolve a ligação à membrana citoplasmática e, portanto, o acoplamento com o crescimento e a divisão, ou mais provavelmente por uma regulação negativa ligada à presença de um produto repressor codificado pelo plasmídeo.

As células receptoras, ou células "femininas", são conhecidas como células F-. Durante o contacto célula-a-célula através dos pili, a célula F- recua o fator F e torna-se F+.

O mecanismo de transferência foi elucidado: uma endonuclease, codificada pelos genes traY e Z do plasmídeo, corta uma cadeia do plasmídeo na sequência oriT e a extremidade 5' assim formada migra em direção à célula recetora durante a transferência.

replicação através do mecanismo de "círculo rolante".

Graças a este mecanismo, a célula dadora permanece F+, embora originalmente possuísse apenas um fator F. Ao contrário do que se pensava anteriormente, não parece que o ADN passe através de um pili, mas sim através de poros e pontes específicas (envolvendo o gene (traD) com a possível intervenção de uma protëina piloto.

No entanto, a presença de pili é necessária para a expressão do fator F, pelo que os mutantes F+ sem pili têm um fenótipo F-.

A extremidade 5' da cadeia que entra na célula recetora liga-se perto do poro de entrada e permanece ligada até o processo de replicação estar completo. A proteína TraT (produto do gene traT) exerce um controlo negativo sobre a transferência, ligando-se à membrana interna e bloqueando os locais envolvidos na conjugação.

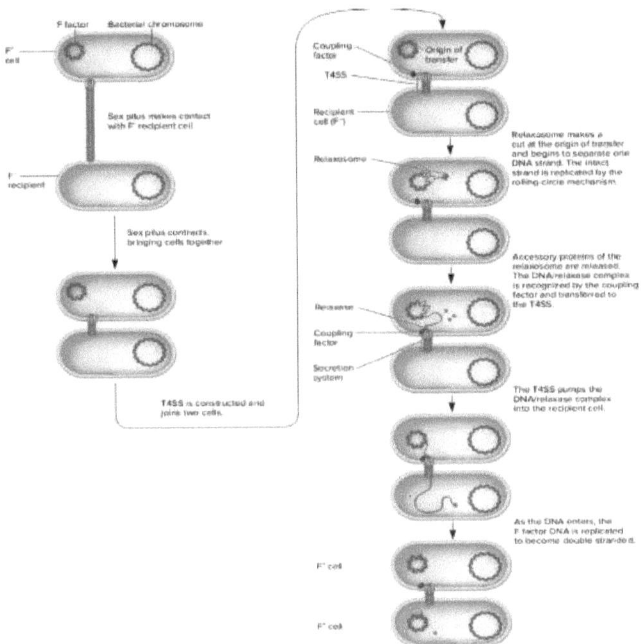

Fig. 33: Conjugação devido ao fator F

e.3) Transferência de cromossomas

Durante uma conjugação fênomëne. e paralela a ГёсЬапдё de plasmídeos F, que ocorre para um grande número de células, pode ocorrer uma mudança de material cromossómico gënëtico muito mais rara (frequência 10-4) (conjugação cromossómica -ica de baixa frequência).

A célula F+ actua como dadora e a célula feminina como recetora: a dadora transmite apenas parte do seu material genético (exogënota). A mistura gënëtica só é efectiva após um processo de recombinação gënëtica entre esta exogënota e a endogënota da célula recetora.

Existem mutantes que dão uma elevada frequência de recombinação. Estes são chamados **mutantes Hfr**: são derivados de células F+.

Nos mutantes Hfr, o fator F integra-se no cromossoma por um processo semelhante ao da integração do bad^riófago ^ (Fig. 33). Durante a divisão celular, o ADN de um mutante Hfr replica-se normalmente. Quando há contacto com uma célula F-, ocorre uma replicação em círculo rolante e apenas uma das vertentes do cromossoma é transfectada, permanecendo a outra na célula, o que explica o facto de esta manter a propriedade Hfr.

Além disso, a posição de um gëne no cromossoma determina a frequência da recombinação. Deve-se notar que, na presença de uma grande quantidade de células Hfr, as células receptoras F têm uma alta taxa de mortalidade: isso é conhecido como "zigose tetal".

A conjugação pode, por vezes, afetar células de diferentes espécies, por exemplo, *Escherichia coli* e Salmonella, Serratia ou Shigella (conjugação interespecífica).

Em *Vibrio cholerae*, existe um plasmídeo conjugativo de 68 kb ou fator de fertilidade P: existem também estirpes P+ e P-. No entanto, a mobilização do cromossoma é muito rara porque não existe uma sequência de inserção no plasmídeo.

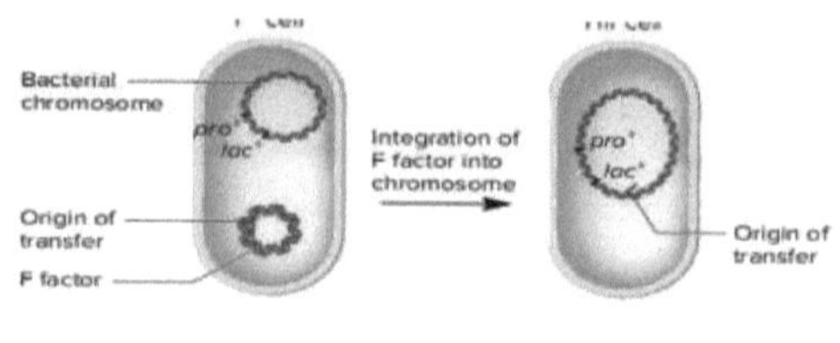

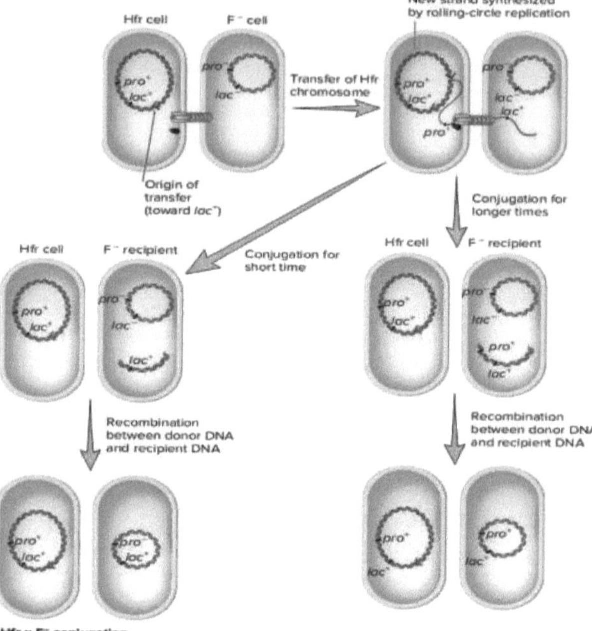

Fig 34 :Criação de estirpes Hfr e conjugação Hfr x F-

e.4)Sexo-droga

O traço Hfr pode voltar a ser F+ por mutação. Em certas condições (raras), o fator F pode levar consigo um fragmento do cromossoma que estava adjacente ao local de ligação: é então chamado fator F'. Como pode ser facilmente transferido de volta para as células F-, pode transferir este fragmento de cromossoma ao mesmo tempo.

Consoante o mecanismo de formação, que pode envolver várias recombinações, forma-se o tipo I F' (em que o genoma F está incompleto) ou o tipo II (em que está completo). Este fenómeno, designado por sexdução, é muito semelhante à transdução por vírus (Fig. 34).

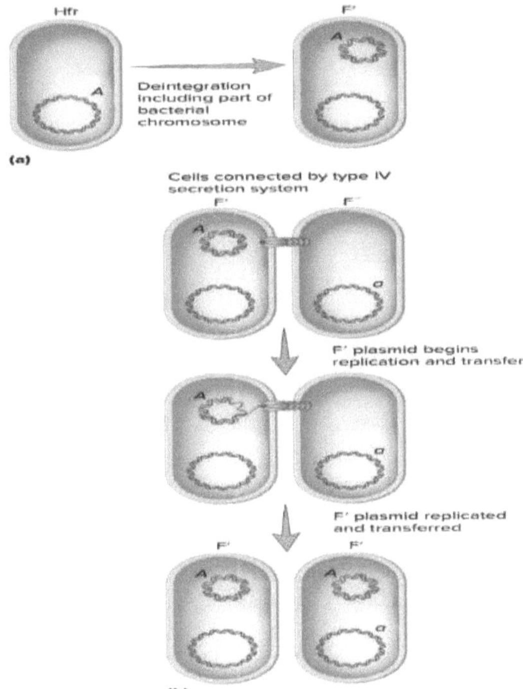

Fig 35:A conjugação F'

É possível construir factores F ou F' que contenham uma inserção, como o transposão TnlOL, a homologia assim obtida com o gënóforo (ao nível do Tn 10) facilita a sua mobilização. Isto é usado na genética gënëtica.

4)Fusão somática de eucariotas

É comum em fungos sem ciclo sexual ou com rara sexualidade. Após a fusão celular, a mistura genética ocorre por recombinação mitótica.

As diferentes fases são as seguintes:

- Formação de heterocariões por fusão (anastomose) de dois micélios haplóides.
- [-6]Fusão nuclear rara (frequência 10). Os núcleos haploide e diploide encontram-se misturados no micélio e, eventualmente, nos conídios.
- [-2-3]Cross-over mitótico (frequência 10 a 10), trata-se de uma recombinação intracromossómica que ocorre na fase de 4 cadeias e que afecta apenas 2 cadeias. Os marcadores recessivos presentes no heterozigoto permanecem mascarados.
- [-3]Haploidização (frequência 10). A haploidização pode ocorrer diretamente em diplóides não-recombinantes, causando recombinação intercromossómica, ou após crossing-over mitótico, o que corresponde a um verdadeiro evento parassexual que reflecte a recombinação intracromossómica.

5) Mecanismo geral de recombinação

A recombinação geral ocorre durante os processos sexuais e parassexuais quando dois genomas haplóides (um dos quais pode ser parcial) entram em contacto. Ocorre entre cromossomas homólogos ou fragmentos de cromossomas.

Diz-se que a recombinação é recíproca quando há uma troca equilibrada de marcadores entre os dois elementos em confronto; diz-se que é não recíproca quando a troca não é equilibrada (fenómeno de conversão) ou quando a troca não é mútua (caso da integração de um fragmento "dador" num "recetor").

Entre os diferentes tipos de recombinação, distingue-se a recombinação intercromossómica, que conduz a uma distribuição recíproca de caraterísticas, e a recombinação intracromossómica, que ocorre através de um crossing-over.

A recombinação intracromossómica pode ser inter ou intragénica e pode ser recíproca (mais comum em organismos eucariotas) ou não recíproca (comum em organismos procariotas, mais rara em eucariotas).

5.1 Recombinação intercromossómica

Consiste numa nova distribuição dos cromossomas homólogos no momento da mëiose (Fig. 35).Naturalmente, este mecanismo só ocorre em organismos com vários cromossomas, ou seja, organismos eucarióticos, normalmente num processo sexual, mais raramente parassexual.

Cada núcleo-filho recua um cromossoma de cada bivalente durante a sëgrëgation e a repartição é gënëral ao acaso. Como resultado, as combinações parentais são raras e as recombinantes predominam. Isto é ainda mais verdadeiro quando o número de cromossomas é elevado.

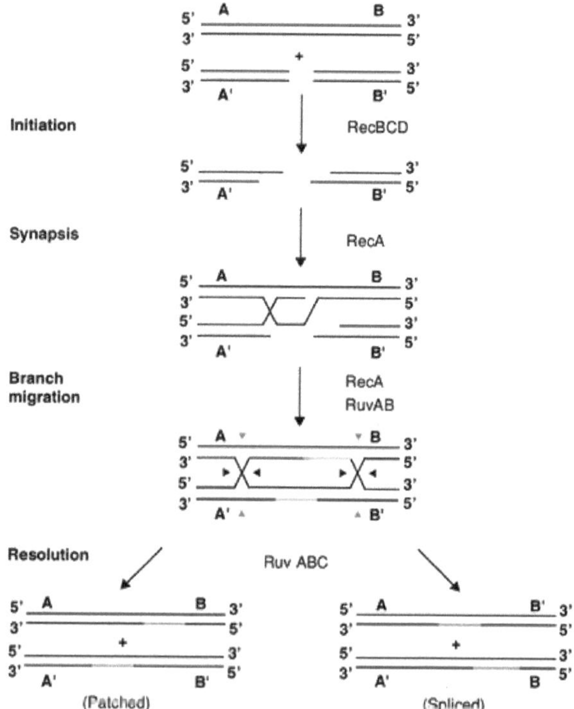

Fig 36:Fases da recombinação homogénea em *E.coli*

5.2 -Recombinação intracromossómica.

<u>a) Recombinação por emparelhamento de duas cadeias simples:</u> Este mecanismo foi bem sucedido ëlë ëШ&ë graças ao ba^riófago T4. Esta é uma recombinação não recíproca que envolve os seguintes ëtages:

- Ação de uma endonuctease que divide uma cadeia de ADN de cada duplex (quebra de cadeia simples).
- Ação de uma exonuctease que ëк^к a zona de rutura. A este nível, a estabilização é feita por um fator protéico (SSB protëine em *Escherichia coli*).
- Emparelhamento de regiões monocatëárias intactas, resultando no aparecimento de uma região híbrida de ADN bicatëário.
- A extensão da zona híbrida e depois novas quebras para ë eliminar fragmentos de ADN desnecessários.

<u>b) Recombinação por deslocação de cadeia simples:</u> Este tipo de recombinação parece ocorrer ocasionalmente em organismos procariotas e ser a regra nos eucariotas. Na maioria dos casos, trata-se de um sistema recíproco.

Dependendo do modelo, são substituídos um ou dois fios.

O modelo de Holliday envolve a deslocação de duas cadeias e compreende os seguintes passos (Fig. 36)

- Clivagem por endonuclease de uma cadeia de cada duplex
- Dë substituição de fios livres
- Rë união destes fios: forma-se o padrão clássico de cruzamento
- Dëplacement do crossing-over com troca ëtrica das cadeias e formação de dois hëtëroduplexes cujo tamanho aumenta (migração de ramos)
- Rotação de 180° do moiM da estrutura da formëe com dëcroisement dos fios cruzados (isomërisation). As figuras obtidas são conhecidas como figuras de Holliday.
- Corte de uma cadeia de cada duplex, que pode ocorrer em dois planos. Em ambos os casos, forma-se um hëtëroduplex, mas apenas um dos dois leva à recombinação.

Um mecanismo ligeiramente diferente, que tem em conta a neossíntese do ADN, pode ser considerado (**modelo Meselson-Radding**): envolve apenas a deslocação e a captura de uma única cadeia simples. As suas etapas são as seguintes

- Corte de uma cadeia por uma endonuclease.
- Deslocamento catalisado pela DNA polimerase ou helicase (encontrada em Escherichia coli), com as proteínas HDP e SSB protegendo a cadeia deslocada.
- Neossíntese de ADN na extremidade não deslocada da cadeia quebrada.
- Incorporação do ADN deslocado na cadeia dupla do recetor graças à intervenção de factores proteicos (RecA em *Escherichia coll*) e, eventualmente, da girase, com a formação de um laço (D-loop): inicia-se um crossover.
- A ansa é quebrada por uma nuclease e a cadeia deslocada é assimilada por emparelhamento com uma das cadeias receptoras, enquanto a outra é eliminada.
- Isomerização da estrutura, conhecida como estrutura de troca de cadeias cruzadas, utilizando rotações de 180° (figuras de Holliday), o que conclui efetivamente o cruzamento.
- Possível deslocação do crossover com troca simétrica de cadeias e formação de dois heterodúpulos x de tamanho crescente (migração de ramos).
- Clivagem de cruzamentos por nucleases e reparação por polimerases e ligases.

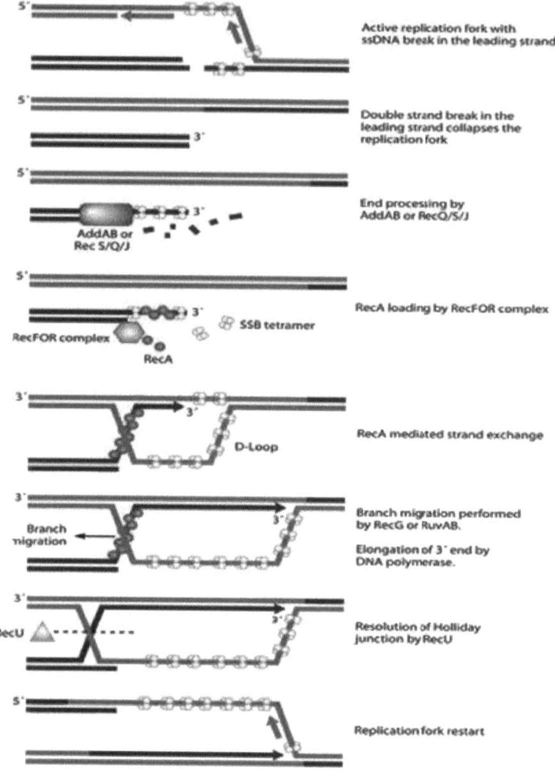

Fig 37:Recombinação em *B.subtilis*

5.3 Recombinação intra-génica

A recombinação intra-génica é uma recombinação que ocorre dentro de um gene envolvendo dois alelos.

As recombinações intragénicas permitiram interpretar os fenómenos de <u>transformação alogénica no Pneumococcus</u>: uma estirpe normal de Pneumococcus é por vezes obtida através da transformação de uma estirpe mutante a partir do ADN de uma outra estirpe mutante (mutações no mesmo gene). A presença de recombinação intragénica permite também interpretar os fenómenos de conversão.

5.4 <u>Mecanismo de recombinação entre cromossomas não homólogos ou fragmentos de cromossomas</u>

Estas recombinações não ocorrem de forma aleatória, como as recombinações gerais, mas em sítios específicos, consoante um ou ambos os elementos envolvidos tenham um ou mais sítios específicos.

Nos casos de dupla especificidade, existem sequências com homologia, mas o seu tamanho é muito limitado: a homologia diz respeito a dez ou menos bases.

Estas recombinações são designadas por recombinações específicas do local e, por vezes, por "recombinações ilegítimas". Quando estas recombinações ocorrem entre dois sítios numa única molécula de ADN (que pode ser uma molécula híbrida), podem levar à inversão ou supressão da sequência entre os dois sítios.

a) <u>Recombinação de sítios com dupla especificidade: o caso da integração de bacteriófagos de transdução especializados (tvpeA)</u>: a recombinação efectua-se através de sítios específicos complementares, um de origem fágica e outro de origem bacteriana. O exemplo mais conhecido é o do **bacteriófago A**: o sítio do fago é designado por attP ou (BOP') e o sítio da bactéria por attB ou POB'. O sítio bacteriano está situado entre os genes gal e bio.

Os sítios híbridos attR (BOP -) e attL (POB') são formados no momento da integração e a recombinação é, portanto, realizada através de uma enzima viral, ^ integrase, produto do gene int, e de uma proteína celular, o fator de integração do hospedeiro IHF (proteína heterogénea dimérica IHF a/в codificada pelos genes himA e himD a' *de Escherichia coli*).

A integrase reconhece duas sequências específicas localizadas no ADN não-homólogo: uma sequência do fago e uma sequência do cromossoma do hospedeiro.

A integrase tem atividade de topoisomerase de tipo I: é capaz de cortar as estruturas de Holliday e continuar por integração ou excisão.

A excisão requer a presença da proteína do fago codificada pelo gene xis e também requer o fator IHF.

<u>NB</u>:

Os genes int e xis estão ligados e sobrepõem-se parcialmente. O promotor PL transcreve xis, mas existe outro promotor, Pi, que transcreve int independentemente. O sistema de recombinação controlado por int e xis é Rec-independente <u>b)Recombinação em sítio de especificidade única: caso da integração de bacteriófagos de transdução generalizada (bacteriófago u):</u>O bacteriófago iu é um fago sempre linear capaz de se inserir em sítios não específicos do cromossoma bacteriano.

O genóforo l contém sequências específicas para a inserção, mas não existe uma sequência específica complementar no hospedeiro. Tal como os transposões, aos quais pode ser assimilado, o bacteriófago u transporta sequências invertidas idênticas nas suas extremidades e contém genes de transposição (a inserção e a excisão são independentes de Recinde). Tal como os fagos, contém genes que codificam as proteínas estruturais dos fagos. Devido ao seu mecanismo de integração particular, o prófago é idêntico em termos de sequência genética ao fago livre (ao contrário do bacteriófago fy.

Quando o segmento G é invertido numa das duas cadeias, é criada uma área de incompatibilidade que separa duas regiões emparelhadas, ou quando uma das cadeias é completamente invertida, é formada uma região emparelhada (G) entre duas regiões não emparelhadas.

5.5 Fenómenos de transposição

A recombinação dirigida por sítios pode envolver certas sequências de uma única molécula de ADN através de elementos transponíveis internos chamados transposões. Estes elementos são conhecidos como "móveis" porque a transposição leva a uma mudança da sua localização cromossómica. Estes fenómenos podem também levar à mobilidade ou à alteração da expressão de certos genes. Existem vários tipos de transposões nas bactérias.

Os mais comuns são os módulos de inserção (elementos IS), sob a forma de fragmentos de ADN que podem integrar-se em sítios mais ou menos específicos. Os transposões podem deslocar-se de um sítio para outro, mas nunca aparecem em forma livre. Os elementos IS não só são capazes de se deslocar, como também de se integrar em sítios mais ou menos específicos.

mover-se transportando uma sequência localizada entre dois deles, podendo esta sequência compreender um ou mais gënes.

Estas estruturas mais complexas são designadas por transposões compostos. Os transposões compostos podem ser classificados em duas categorias principais:

*   IS mais frequentemente invertido (transposão Tn10 com braço IS10, transposão Tn5 com braço IS50, etc.), mais raramente direto (transposão Tn9 com braço IS1, etc.);

*   Os transposões de classe II (família Tnll ou TnA) são constituídos por sequências invertidas curtas (30 a 40 pares de bases), flanqueadas em cada extremidade por um conjunto de genes de resistência e de transposição (Tnl, Tn3, Tn7, etc.). Os sítios de inserção são geralmente muito pequenos (da ordem de 5 nucleótidos).

*   São duplicados após a transposição: a sequência de inserção encontra-se em cada extremidade do transposão integrado.

Em todos os casos, forma-se uma estrutura típica entre os fragmentos "dador" e "recetor": a estrutura "chi" (x), com a introdução de cortes de cadeia simples nas extremidades do transposão.

Do mesmo modo, é criada uma quebra no local de inserção, com a formação de duas cadeias simples complementares, a partir das quais existem duas alternativas possíveis: transposição conservadora e "transposição replicativa".

A transposição <u>conservativa envolve etapas do tipo quebra/soldagem</u>: resulta numa mudança real na localização do transposão. A transposição replicativa envolve a realização de uma cópia do transposão e, por conseguinte, a replicação: o "molde" do transposão permanece no local e a cópia vai para o sítio recetor.

A transposição pode ser simples ou levar a rearranjos mais complexos, como deleções ou inversões.

A perda de um transposão pode resultar no restabelecimento de uma função, o que depende da precisão da excisão do transposão. A transposição pode por vezes favorecer a fusão, podendo esta propriedade ser utilizada na engenharia genética.

Os transposões presentes nos plasmídeos são por vezes <u>descritos como conjugativos </u>e são frequentemente <u>incapazes de replicação autónoma</u>.

a) Transposões eucarióticos

Os transposões também existem em microrganismos eucariotas: os mais conhecidos são os encontrados na levedura.

Os elementos transponíveis da levedura formam uma família hëtërogëne: os mais importantes são os elementos Ty ëlëments, que são mais longos do que os transposões bacterianos.

Em Saccharomyces cerevisiae, os elementos Ty podem ser classificados em duas classes principais com base em semelhanças de sequência: Tyl ou Ty I (Tyl-15, Tyl09, Ty912) e Ty2 ou Ty II (Tyl-17, Ty917). Para além dos elementos Ty (e 5), existem outros elementos transponíveis na levedura. Os elementos o têm 341 pb de tamanho e têm extremidades invertidas (IR) idênticas de 8 pb: estes elementos, dos quais existem 25 a 30 cópias, estão associados a genes tRNA.

[-7-8]A taxa de transcrição dos transposões depende do sinal sexual da estirpe: é elevada nos haploi'des a ou a e baixa nos diploi'des a/ a. Na levedura, a transposição Ty ocorre com uma frequência inferior à da transposição bacteriana (10 a 10).

6) Outros rearranjos da sequência de ADN

6.1) Rearranjos em bactérias

Foram descritos vários fenómenos deste tipo:

> Variação de fase em Salmonella. As diferenças na composição dos flagelos devem-se à existência de dois tipos de flagelina, cuja síntese depende dos genes H1 e H2. Este fenómeno está ligado a um rearranjo cromossómico, não se tratando de uma transposição replicativa: trata-se de uma simples inversão de um fragmento cromossómico entre duas sequências repetitivas invertidas de 14 pb (IRL e IRR).

> Variação antigénica em Neisseria. As alterações na natureza antigénica da Neisseria gonorrhea, ao nível dos pili, devem-se a fenómenos semelhantes à transposição.

> Variação antigénica em Borrelia. Trata-se de variações na principal proteína de superfície variável, que também se devem a rearranjos cromossómicos.

6.2) Alteração do sinal sexual do fermento

Os phënomënes de mudança de sexo que ocorrem em algumas espécies de leveduras sexuadas são devidos a phënomënes próximos da transposição. Estes são sistemas de cassetes. O sexo é determinado por um gene a ou α. Geralmente, esta caraterística é estável, mas podem ser observadas variações em certas estirpes.

O sexo depende da expressão de uma ou mais sequências localizadas num sítio específico, o locus do sinal sexual (MAT).

6.3) Variações no antigénio de superfície do tripanossoma

No tripanossoma (protozoário), fenómenos semelhantes às transposições levam ao aparecimento de numerosas variantes da glicoproteína de superfície VSG. Cada tripanossoma pode exprimir cerca de cem VSGs diferentes: esta variabilidade depende de rearranjos no ADN.

6.4) Rearranjos do ADN em protozoários ciliados

Em Oxytrichia, o DNA do micronúcleo contém sequências internas que variam de 32 pb a vários kb (IES: Internally Eliminated Sequences). Estas sequências são eliminadas durante a regeneração do macronúcleo e têm extremidades de repetição direta (DR).

7)Mistura de informação genética citoplasmática

7.1- Hereditariedade citoplasmática

Para além da hereditariedade cromossómica ligada aos cromossomas ou ao genóforo, existe uma hereditariedade citoplasmática devida à presença de informação genética extracromossómica (plasmídeos, mitocôndrias, cloroplastos, factores "killer", etc.).

Nos organismos procariotas, a informação genética contida num plasmídeo pode ser transferida de uma célula para outra por transformação ou conjugação.

Nos organismos eucariotas, a transformação por plasmídeo também pode ocorrer. Se for possível, a fusão celular leva à formação de um citoplasma híbrido e, portanto, ao confronto da informação genética citoplasmática dos dois progenitores. Diz-se que a hereditariedade citoplasmática é mitótica e não meiótica.

7.2- Fator "assassino" Paramecies

Durante uma breve conjugação entre uma célula "assassina" e uma célula sensível, não há passagem do fator. No entanto, se a conjugação for prolongada, todas as células da descendência recuperam o fator.

7.3- Recombinação de ADN extracromossómico

Existem fenómenos de recombinação entre ADNs derivados de organelos. Isto é conhecido para o DNA de cloroplastos de algas (Chlamydomonas reinhardii), ou o de mitocôndrias de levedura. Isto pressupõe o contacto ou a fusão dos organelos após a plasmogamia.

Capítulo V

Exercícios corrigidos com V Com exercícios adicionais curso

1-Aviso de curso

A análise da complexidade estrutural e da organização do material genético dos microrganismos procarióticos, eucarióticos ou acarióticos é muito importante para compreender o funcionamento desta maquinaria molecular e as relações estrutura-função e estrutura-ativação.

Os ácidos nucteicos são os ëléments do material gënético, eles são compo- sës de cadeias liiK\iary de nucteotides Hë3 entre eles por pontes de fosfodiester.

Os nucotideos são formados por uma base purina ou pirimidina Hëc a uma pentose (Ribose ou dësoxy-ribose) que é ela própria Hëc a um grupo fosfato .

O ácido dësoxirribonucleico (ADN) é formado a partir da 2-ck'sowribose e o ácido ribonucleico (ARN) a partir da ribose.

Os nucósidos são formados pela associação de uma base azotada a uma pentose através de uma ligação N-glicosídica (figura 2) entre o carbono 1 da ribose e o azoto 1 da base pirimidina ou o azoto 9 da base purina.

A montagem das cadeias forma uma dupla hélice em que cada cadeia é complementar à outra e antiparalela: uma cadeia tem uma polar^ 5'-> 3' e a outra 3'-> 5'.

Para uma espécie de doniK'e, a composição global de bases do ADN é uma constante: esta composição pode ser expressa pelo rácio A+T/G+C. Este rácio varia de uma espécie para outra, mas é constante e caraterístico de uma dada espécie.

A kilobase (kb) é geralmente usada como uma medida do número de nucteotídeos. [3]A kilobase corresponde, para os ácidos nucleicos bicatëários, a 10 pares de bases (pb). ou, o que equivale à mesma coisa, a nucteótidos. Consideramos que 1 kb corresponde a uma massa molecular de $0,7.10^6$ Da (1pb dá aproximadamente 660 kDa) e um tamanho de 0,35 |im.

Encontramos aproximadamente 10 pares de bases por volta do giro; O espaçamento entre duas bases consëcutivas é de 0,34 nm (3,4A°)O passo da 1^ëHcc é de 3,4 nm (34A°)e o dia-metro da PbëHcc é de 2 nm (20A°).

Uma estrutura simplificada de ADN de cadeia dupla, com os seus dois coanos complementares e antiparalelos, é apresentada na Figura 3.

Nos organismos procarióticos, o principal material genético é uma estrutura de ADN de cadeia dupla simples, denominada cromossoma ou genóforo, localizada numa zona da célula denominada região nuclear ou núcleo. O cromossoma é circulatório, o que significa que é fechado. $^{2+}$$^{2+}$O ADN está complexado com catiões Mg ou Ca e com proteínas (protaminas) e outras (HLP: como a proteína histona).

O principal material genético dos organismos eucariotas é constituído por cromossomas cujo elemento básico é, tal como nos organismos procariotas, uma dupla hélice de ADN. Os cromossomas estão encerrados numa estrutura celular definida, denominada núcleo. O núcleo está rodeado por uma membrana nuclear que contém poros e está ligada ao sistema de membranas internas da célula.

Existem duas categorias de proteínas ligadas ao ADN: as histonas e as proteínas não-histonas (HMPs). O elemento estrutural básico do cromossoma é o nucleossoma.

Existe material genético fora do genóforo ou dos cromossomas. Este material pode representar 0,1 a 1 e, por vezes, mais de *10%* do ADN celular total. O "material genético extra-cromossómico" inclui o ADN de organelos (mitocôndrias e cloroplastos), plasmídeos (bactérias e leveduras), factores "killer" (leveduras e paramécios), bem como o material genético de vírus (bacteriófagos).

2-Requisitos

Para garantir uma boa compreensão, pede-se ao aluno que tenha uma ideia de :

> Diversidade do mundo microbiano.

> A estrutura dos nucleótidos.

> A organização do material genético.

3-Objectivos :

> Aprender os conceitos básicos relativos à estrutura e organização do material gënético microbiano.

> Diferenciação entre microrganismos procarióticos e eucarióticos em termos de complexidade estrutural e molecular.

> Familiarizar-se com os termos científicos e as fórmulas de cálculo.

Série n :1 "Estrutura e organização do material genético".

Exercício 1:

1-DNA paration;2-DNA hëlicase;3-Recombinação homóloga;4-DNA primase;5-DNA polimërase;6-S-phase;7-Origin histone chaperone (ORC);8-Protëine S SB (Single-Strand DNA-binding);9-Base excision-repair;10-Reproduction fork;11-Nucleotide excision-repair;12-RNA primer;13-DNA topoisomerase;14-Slip fator;15-Replication root;16-DNA ligase;17-Rëunion of non-homologous ends;18-Tëlomërase;19-Precose strand;20-Mutation;21-Late strand;22-Recognition complex.

Atribui a cada uma das seguintes definições um termo da lista acima.

1-Fase do ciclo celular eucariótico durante a qual o DNA é synthëtisë.

2- Enzima que alonga os tëlomëres, as sequências nucleotídicas rëtitivas encontradas no final dos cromossomas eucarióticos.

3-Uma das duas novas cadeias de Бэггë do ADN tem uma forquilha de replicação. É sintetizado de forma contínua na direção 5'-3'.

4-Fragmento curto de RNA synthëtisë na fita tardia durante a replicação do DNA e depois "limin" .

5-Troca genética entre um par de sequências de ADN idênticas ou quase idênticas, geralmente localizadas em duas cópias do mesmo cromossoma: cromátides desencontradas ou homólogas.

6- Um meio de reparar o DNA bicatërio quebrado, que liga as 2 extremidades com pouco respeito pela homologia das sëquencias.

Complexo de 7-Protëina que circunda a dupla hëlice do DNA e se liga à polymërase do DNA. mantendo-o firmemente Hë ao DNA à medida que este dëplace.

8-1 rel'gio que contém informação que controla um carácter hëditário discreto.

9 Enzima que se liga ao ADN e quebra reversivelmente uma ligação fosfo-diéster em qualquer uma das cadeias.

10- Termo coletivo dado aos processos enzimáticos que corrigem alterações diferenciais que afectam a continuidade ou a sequência de uma molécula de ADN.

11-Grande estrutura proteica multimérica ligada ao ADN que replica os cromossomas eucarióticos ao longo do ciclo celular.

12-Uma das duas cadeias de ADN recém-formadas tem uma forquilha de replicação. É formada por segmentos descontínuos que são posteriormente ligados covalentemente.

Região em forma de 13-Y de uma molécula de ADN replicante onde se formam as duas cadeias-irmãsës.

14-Enzima que abre a ligação do ADN ao separar as cadeias simples.

15 - Sequência de ADN específica de um cromossoma bacteriano ou viral na qual se inicia a replicação do ADN.

16-Enzima que une duas cadeias adjacentes de ADN

Exercício 2:

Se o conteúdo de GC de uma molécula de ADN é aproximadamente 56%, quais são as percentagens das outras quatro bases (A, T, G e C) nesta molécula?

Exercício 3:

Ao extrair o ADN do colifago ϕ X174, verificamos que a sua composição é de 25% A, 33% T, 24% G e 18% C.

> Isto faz sentido em termos das regras de Chargaff?

> Como é que interpreta este resultado?

> Como é que esse fago pode representar o seu ADN?

Exercício 4:

Um segmento de ADN tem 24 bases azotadas, tais como

> Determine o número de cada base azotada.

Um segmento com 34 A° de comprimento e 12 ligações de hidrogénio > Determine o número de cada base azotada.

Um segmento de ADN tem 38 ligações fosfodiéster de tal forma que o rácio A+T é 2 vezes o coeficiente de Chargaff.

> Determine o número de cada base azotada.

Exercício 5:

O cromossoma da Escherichia coli tem uma massa molecular de $2,5 \times 10^9$ Da;

Calcular :

> O número de pares de bases

> Comprimento

> O número de voltas da hélice desta molécula

Exercício 6:

$^{-15}$O тolëcиle de DNA *de Escherichia coli* compreende aproximadamente $2,6.10^6$ pares de bases e pesa 2,66.10 g. Sabendo que o passo da dupla hëlice do DNA é de 3,4 nm e compreende 10 pares de bases ;

> Calcular a massa de um segmento de ADN com 0,1 nm de comprimento;

- em gramas.
- em daltons.

Exercício 7:

Uma célula sintetiza 5000 polipéptidos diferentes, cada um dos quais tem um peso médio de cerca de 24000. Sabendo que o peso molecular médio de um aminoácido é 120, o de um nucleótido é 300 e o comprimento de um nucleótido é 3,4 A

> Qual é o comprimento total do ADN que codifica estes polipéptidos?

> Calcular o peso molecular deste segmento de ADN de dupla hélice

Exercício 8:

São cultivadas 109 células de Escherichia coli (tempo de geração: 30 minutos).

> Após quanto tempo existirão cerca de mil milhões de células?

Sabendo que a molécula de DNA *da Escherichia coli* contém aproximadamente $2,6.10^6$ pares de bases ;

> Calcule o número de pares de bases que devem sofrer replicação por segundo, assumindo que existe apenas um ponto de replicação (assumiremos que o tempo de replicação da molécula de ADN é igual ao tempo de geração).

> Qual a distância que a DNA polimerase deve percorrer por minuto, assumindo que existe apenas um ponto de replicação?

> Qual seria o comprimento das moléculas de ADN de 109 células *de Escherichia coli* se fossem colocadas ponta a ponta?

Solução

Exercício 1:

1-6

2-18

3-19

4-12 5-3 6-17 7-20 8-14 9-13 10-1 11-7 12-21 13-10 14-2 15-15 16-16 **Exercício 2 :**

As regras de Chargaff estipulam que o ADN de qualquer célula deve ter uma relação de 1:1 (regra do par de bases) de bases pirimidinas e purinas e, por outras palavras, numa dada sequência haverá tanta guanina como citosina e tanta adënina como timina.

Uma vez que o C emparelha sempre com o G num duplex de ADN, as suas percentagens molares devem ser iguais. A percentagem molar de G é, portanto, tal como a de C, 28%. 100.

As percentagens molares de A e T correspondem aos restantes 44%. 100%. Como A e T são sempre iguais, as suas percentagens molares são metade deste valor: 22%. 100.

Assim, se recapitularmos as proporções de cada base

$$C=G=28$$
$$A=T=22$$

Exercício 5:

1-Número total de pares de bases

Tendo em conta o peso molecular de um par de bases equivalente a 660 Da,

O número total de pares de bases é calculado da seguinte forma:

N(bp)= Massa molecular/Massa de um par de bases AN : ^{6}N(pb)=2,5 109/660=**3,78 10** pb.

2-Comprimento

A distância ou comprimento de um nucleótido é equivalente a 0,34nm e/ou 3,4 A0, pelo que o comprimento de todos os pares de bases é dado da seguinte forma:

L=Número de pares de bases x Comprimento de um par de bases AN :
[66]L=3,78 10 x 0,34=1,2 10 nm=**1,2cm.**

Exercício 7:

1-Cálculo do número total de aminoácidos :

[6]N(AA)=(Peso médio do polipéptido /Peso de um aminoácido) x número de polipéptidos
(N(AA)=(24000/120)**x5000=10 AA**

2-Comprimento :

Tendo em conta que o aminoácido é codificado por três nucleótidos, cada um com um comprimento equivalente a 0,34 nm:

L(AA)=(Comprimento de um nucleótido x 3)x Número de aminoácidos
[66]L(AA)=0,34x3x10 =**1,02cm** 10 nm=1,02cm

3-O peso molecular deste segmento de ADN

O peso molecular de um nucleótido é ëquivalente a 300 Da, e cada três nucleótidos constitui um único ácido аттë, e o número total de ácido calcиlë é de cerca de 106 AA.Tal número é teoricamente equivalente ao número de nucleótidos constituintes. Da mesma forma, deve ser levado em conta que a estrutura do ADN é duplex com a presença de duas cadeias complementares e antiparalelas.

O peso é calculado do seguinte modo

Peso=(Peso de um nucteotidex3)x(Número de aminoácidos) x2(Fios duplos)
AN :
[696]P=3x300x10 x2=1,8 x10 Da ou **1,8 10 kDa.**

1-Revisão do curso

A replicação (ou duplicação) é o mecanismo que permite a reprodução das moléculas de ADN, que, exceto em casos especiais (vírus de ADN de cadeia simples), estão organizadas numa dupla hélice. Esta estrutura é aberta, formando uma "forquilha de replicação" e polimerizando novas cadeias de nucleótidos complementares às cadeias existentes. A replicação é semi-conservativa (experiência de Messelson e Stahl, 1957) e a polimerização, que é efectuada por enzimas denominadas DNA polimerases, não pode ocorrer a partir de uma simples mistura de nucleótidos.

A replicação envolve um grande número de proteínas, incluindo um complexo multiproteico chamado replisoma, que tem três fases distintas (iniciação, alongamento e terminação).

a) Iniciação

A replicação começa com a abertura da dupla hélice num local específico (o ponto de iniciação *ori C nos* procariotas ou ARS (sequências autónomas de replicação) nas leveduras (eucariotas).As cadeias separadas são estabilizadas por proteínas chamadas "single strand binding protein" (SSBP ou SSB=HDP: helix destabilising protein=DBP: DNA binding protein): estas são também tetramëres.

b) Alongamento :

A DNA polimerase III, ou DNA pol 6 em eucariotas, faz a maior parte do trabalho de alongamento A fita iniciadora do RNA é eliminada e a parte que falta é completada através da atividade polimérica da DNA polimerase.

A replicação ocorre, portanto, de forma assimétrica nas duas cadeias, formando fragmentos curtos e descontínuos na cadeia tardia. "Fragmentos de Okazaki".

<u>c) Cessação :</u>

Em *E. coli*, a reunião das bifurcações ocorre num ponto diametralmente oposto ao local de início da replicação. Nos eucariotas, uma vez duplicado o ADN, este é reorganizado em nucleossomas para voltar à sua conformação inicial (cromatina). A replicação do ADN nos organismos eucariotas é acompanhada por um processo de duplicação de histonas. A replicação é bidirecional e tem geralmente lugar a partir de várias origens.

Para a replicação do ADN extracromossómico, o ADN mitocondrial e o ADN plasmídico são replicados utilizando um mecanismo semelhante ao do ADN cromossómico. Estes ADNs contêm frequentemente um único repticon.

A replicação de material gético e a multiplicação intracelular de vi- rus (Bacteriófagos) utilizam em grande parte os ëquipamentos enzimáticos do hospedeiro. O mecanismo difere de acordo com a natureza do 1 DNA ou RNA.

<u>Pré-requisitos :</u>

Recomenda-se vivamente que o estudante tenha uma idëia em

> A diferença estrutural entre procariotas e eucariotas.

> A base do processo de replicação

> As enzimas envolvidas e a utilidade da duplicação do material genético.

<u>Objectivos</u>

> Compreender as necessidades vitais dos microrganismos, fornecendo pormenores de um ponto de vista molecular e genético.

> Aprender sobre os diferentes níveis de compactação e/ou superenrolamento do ADN nos eucariotas.

> Desenvolver competências intelectuais em termos de reflexão e análise.

<u>Série n :2 "Replicação do material genético".</u>

<u>Exercicel :</u>

Sintetiza-se o ADN no modelo 5'-ACCT-TACCGTAATCC-3' de um iniciador a montante. Adiciona-se três dësoxinuclëotidos e deixa-se o quarto desoxinucleótido "dësoxicitosina trifosfato", da mistura de reação.

> Que ADN terás? Faz um desenho.

Sintetiza-se o ADN a partir do mesmo molde e com a mesma cadeia a montante, mas em vez de se utilizar apenas o trifosfato de dësoxvthvmidina, adiciona-se um pouco aos outros três trifosfatos de dësoxvnuclëosídeos, uma mëlange ëquivalente ao inibidor de replicação, trifosfato de didesoxitimidina e trifosfato de dësoxvthvmidina,

> Que ADN farias? Faz um desenho.

<u>Exercício 2:</u>

Um nuclCosome tem 11nm de comprimento e contém 146bp de ADN (0,34nm/pb).

> Que rácio de compactação (comprimento do ADN para o comprimento do nucleossoma) foi obtido ao envolver o ADN em torno do octâmero de histonas?

> Tendo em conta o segmento adicional de 54 pb de CtDNA que liga os nucleossomas, qual é o grau de compactação do ADN do "colar de pérolas" em comparação com o ADN totalmente CtDNA?

<u>Exercício 3:</u>

[23]Sabendo que o gCnoma *da E.coli* tem 4,6 106 pares de bases, que a oxidação de uma molécula de glicose produz cerca de 30 ligações fosfato ricas em energia, e que a glicose tem uma massa molecular de 180 daltons, e que há 6 10 daltons por grama ;

77

> Aproximadamente quantas ligações ricas em energia são utilizadas para dobrar o cromossoma *da E.coli*?

> Quantas moléculas de glucose precisará *a E.coli* de consumir para ter energia suficiente para copiar o seu ADN uma vez?

[-22]> O que é que esta massa de glucose representa em relação à massa de *E. coli,* que é de cerca de 10 g?

Exercício 4:

Ao analisar duas colónias de leveduras, descobrimos que cada uma delas contém 100.000 células descendentes de uma única célula de levedura, originalmente localizada algures no meio do aglomerado. Quando o gene *ADE2* está localizado no seu locus cromossómico normal, a proteína que codifica é expressa e as colónias são brancas. No entanto, quando está localizado perto de um telómero, o gene *ADE2* fica inativo, resultando em colónias vermelhas com sectores brancos. No entanto, o gene ADE2 está localizado perto dos telómeros tanto nos sectores vermelhos como nos brancos.

> Explique por que razão se formaram áreas brancas à volta da borda da colónia.

> Com base na existência destes sectores brancos, o que pode concluir sobre a propagação do estado de transição do gene ADE2 da minha própria célula para as células filhas?

Exercício 5:

Como todos os organismos, o bacteriófago T4 codifica uma proteína SSB, essencial para a supressão de estruturas secundárias no ADN de cadeia simples a montante da forquilha de replicação. A proteína SSB do T4 é uma proteína monomérica esticada com um peso molecular de 35.000 Da. Liga-se firmemente ao ADN de cadeia simples, mas não ao ADN de cadeia dupla. A ligação é saturada quando o rácio entre o ADN e a proteína é de 1:12. Na presença de um excesso de ADN de cadeia simples (10 jag), não é detetável praticamente nenhuma ligação com 0,5 Lig de proteína SSB, enquanto que se observa uma ligação quase completa com 0,7^g de proteína SSB.

> Na saturação, qual é a proporção entre moléculas de ADN de cadeia simples e moléculas de SSB (a massa molecular média de um nucleótido é de 330 daltons)?

> Quando a ligação da proteína SSB ao ADN atinge a saturação, é provável que monómeros de SSB adjacentes estejam em contacto? (Suponha que um monómero de SSB se estende 12 nm ao longo do ADN quando ligado a este, e que o espaçamento entre bases no ADN de cadeia simples após a ligação é o mesmo que no ADN de cadeia dupla (ou seja, 10,4 nucleótidos por 3,4 nm).

> Na sua opinião, porque é que a ligação da proteína SSB ao ADN de cadeia simples depende tão fortemente da quantidade de proteínas SSB?

Soluções para alguns exercícios

Exercício 2:

O nucleossoma representa o primeiro nível de compactação do ADN em eucariotas. É um octâmero de histonas no qual um segmento de ADN de aproximadamente 146 pares de bases é enrolado em duas voltas.

1-Razão de compactação :

Representa o grau de compactação que dẽcou a passagem da forma de ADN de cadeia dupla para a forma de nucleossoma:

R=(146 pb x 0,34 nm/pb)/(11 nm) = **4,5.**

2-O grau de compactação do ADN "string of pearls" em comparação com o ADN totalmente expandido:

O segundo nível de compactação envolve a presença de 6 nucleossomas ligados entre si pelo ligante de ADN, formando um colar de pérolas conhecido como solenoi'de.

Contando os 54 pb adicionais de ADN inter-uciossómico (146+54=200 pb), o rácio de compactação do ADN no colar de pérolas é calculado da seguinte forma

R=(200 pb x 0,34 nm/pb)/(11 nm + {54 pb x 0,34 nm/pb}) = **2,31.**

O primeiro nível de compactação representa apenas 0,023 p. 100 (2,31/10000) da condensação total que ocorre durante a mitose.

Exercício 3:

1-Número de ligações ricas em energia :

Como ambas as vertentes do genoma *da E. coli* têm de ser copiadas, é necessário polimerizar um total de 9,2 x 106 nucleótidos. A polimerização dos nucleósidos trifosfatados no ADN consome duas ligações fosfoanidrogénio de alta energia por cada nucleótido adicionado:

O nucleósido trifosfato é hidrolisado para adicionar nucleósido monofosfato à cadeia em crescimento, e o pirofosfato libertado é hidrolisado em fosfato:

O número de ligações fosfato de alta energia hidrolisadas durante cada ciclo de replicação será de :

N=9,2 x 106 x2=**1,8x107 ligações**

2-Número de moléculas de glucose a consumir :

Como cada glicose pode fornecer 30 ligações fosfato de alta energia, teremos o seguinte número de moléculas de glicose necessárias para fornecer energia suficiente para um ciclo de replicação:

$$^{x}N(\text{moléculas})= (1,8\ 107/30)= \textbf{6 x 105 moléculas}$$

3-Cálculo da massa das moléculas de glucose :

$$^{xxxx-23-16}M=(6\ 105\ \text{moléculas})\ (180\ \text{Da/molécula})\ (1\ \text{g}/6\ 10\ \text{Da})]=\textbf{1,8x10 g}$$

Esta quantidade de glucose é aproximadamente 0,02 p. 100 da massa de uma célula de *E. coli*.

$$^{1612}P(\%)=(1,8 \times 10\ \text{g glucose}/1 \times 10\ \text{g } E.\ coli)=\textbf{0,02\%}$$

Exercício 5:

1-A relação 1:12 do peso dos nucleótidos da proteína SSB corresponde a uma relação de **8:8:1** nucleótidos das moléculas de SSB :

$$\frac{\text{Nucléotides}}{\text{molécules SSB}} = \frac{1\text{Da Nucléotide}}{12\ \text{Da SSB}}\ x\ \frac{25000\ \text{Da SSB}}{\text{molécules SSB}}\ x\ \frac{1\ \text{Nucléotide}}{320\ \text{Da nucléotides}}$$

2-Como existem 10,4 nucleótidos por 3,4 nm de ADN de cadeia simples, os 8,8 nucleótidos estender-se-iam cerca de 3 nm (se o ADN de cadeia simples estivesse totalmente estendido, estender-se-ia cerca do dobro). O comprimento da molécula de SSB de 12 nm sugere que, na saturação, as proteínas SSB estão em contacto umas com as outras e, provavelmente, mastigam-se consideravelmente.

3-A ausência de ligação significativa a baixas concentrações de SSB com a presença de ligação quantitativa a concentrações 14 vezes superiores sugere que a proteína SSB se liga ao ADN de forma cooperativa. Essencialmente, a cooperação significa que a ligação de um monómero facilita a ligação de outros monómeros. Se os monómeros se sobrepuserem quando ligados, como sugerido pelo cálculo na parte 2, a cooperatividade ocorre provavelmente porque cada monómero tem dois locais de ligação; um para o ADN e outro para outros monómeros. A ligação do primeiro monómero ao ADN será fraca porque só se pode ligar através do seu sítio de ligação ao ADN.

Ao ligarem-se a monómeros ligados adjacentes, os monómeros seguintes podem utilizar ambos os seus sítios de ligação.

1-Recomendação de curso

Uma mutação é uma modificação hёredíтária do material gёnётico de um indivíduo,na ausência de confrontação com o material gёnётico de um ёtranger.Esta modificação pode ou não refletir-se ao nível fёntípico(visibles).

Distinguimos cinco caraterísticas: Espontaneidade, Descontinuidade, Raridade, Independência e especificidade e Estabilidade.

[-4-12-69]A sua frequência de aparecimento varia entre 10 e 10 , mas mais geralmente entre 10 e 10- por geração. Trata-se de um fenómeno espontâneo.

Em princípio, uma mutação ocorre ao acaso. A alteração provocada pela mutação é hereditária, ou seja, é transmitida aos descendentes. A mutação pode ser revertida por uma nova mutação. Muitas mutações espontâneas são letais.

A taxa de mutação é a probabilidade de um mutante aparecer numa população durante um determinado intervalo de tempo. Este intervalo de tempo é geralmente o tempo de geração para organismos unicelulares.

A taxa de mutação depende da natureza da mutação (espécie, gene afetado), do agente mutagénico e da sua dosagem (no caso de mutações induzidas) e, possivelmente, das condições físico-químicas circundantes.

A frequência mutante depende da taxa de mutação, dos parâmetros de crescimento das estirpes selvagens e mutantes e do tempo. O seu valor é deduzido a partir do declive da curva frequência=f(n ;nbre de gerações) (reta).

Salvador Luria e Max Delbruck desenvolveram um teste chamado teste de flutuação, que implica a natureza aleatória das mutações naturais, independentemente de quaisquer consequências induzíveis da seleção natural.

Existem muitos tipos diferentes de mutação, dependendo da localização, do tamanho do fragmento afetado e das consequências.

As mutações podem ser classificadas em mutações nucleares (ou cromossómicas) e mutações citoplasmáticas, consoante afectem o material genético cromossómico (cromossomas ou genóforos) ou o material extracromossómico (plasmídeos, mitocôndrias, etc.).

Em função do tamanho do material genético envolvido, distinguem-se: mutações genómicas, mutações cromossómicas. Mutações genómicas. Encontram-se tanto nos organismos procariotas como nos organismos eucariotas. São mutações que afectam um único gene (mutação intragénica; mutações pontuais e mutações não pontuais).

Dependendo do número de pares de bases tocados, encontramos mutações pontuais e mutações por baralhamento.

As mutações pontuais envolvem um único par de bases. Existem os seguintes casos: Substituição (transição e Transversão), Dёlёtion, Inserção e Modificação.

As mutações shuffle envolvem fragmentos cromossómicos (ou cromatídeos) mais ou menos extensos, que variam de alguns pares de bases (micro-malhas) a fragmentos poligénicos; Deleção (microdёlёções endocromossómicas terminais, exocromossómicas intragénicas), Inversão, Translocação (homozigótica e heterozigótica) e duplicação.

2-Pré-requisitos :

L^tudiant est appelё a connaitre la notion de :

> Mutação e mutante.

> As propriedades e caraterísticas de uma mutação.

> Tipos de mutações.

3-Objectivos :

> Saiba como reduzir a taxa de mutação, a frequência e a probabilidade de ocorrência.

> Entendendo a noção de auxotrofia e a aquisição de novos ciracteres gënëticos.

> Elaborar uma via bioquímica compatível com base numa análise aprofundada dos dados.

Série n :3 "Mutações

Exercício 1:

A *dcm* m6thylase adiciona um grupo тёЛуlе à segunda citosina na sequência CCAGG em *E. coli* K-12. As citosinas nesta sequência no gene *lacI* são pontos susceptíveis de mutações de transição.

> Sugërez dois mëthodes gënëtiques para dëterminar se a frequência de mutação é ëlevëe nesta posição é devido a 5-mëthyl cytosine.

Exercício 2:

Células *de Salmonella typhimurium* do tipo selvagem são mortas pelo fago F0. Um teste de flutuação de Luria-Delbruck foi ëlë reяHзë para determinar a taxa de mutação da resistência ao fago F0; Vinte tubos de meio foram ëlë inoculados com células *de S. typhimurium* e as culturas foram ëlë cultivadas para 10^8 células / ml. Uma amostra de 0,1 ml ë de cada cultura foi então ëlëtalë em placas com o fago FO (Tabela 3). Os resultados são mostrados abaixo.

> Utilizando a distribuição de Poisson, determine a taxa de mutação em FOR.

Quadro 3: Resultados do efeito do fago FOR na cultura de *S.typhimurium*

Cultura	1	2	3	4	5	6	7	8	9	10	11	12	13	14	15	16	17	18	19	20
Mutante *F0 .	59	0	1	17	0	6	0	0	0	3	1	0	0	0	1	128	0	2	0	11

Exercício 3:

[-6]Os mutantes de transporte de prolina aparecem espontaneamente em culturas de *Salmonella* com uma frequência de 10 por célula. [-5]Os mutantes resistentes à azetidina aparecem espontaneamente numa frequência de cerca de 10 por célula.

> Se estes são dois eventos independentes, qual é a probabilidade de uma única célula adquirir ambas as mutações?

> Se forem testados 100 mutantes de transporte de prolina e todos forem igualmente resistentes à azetidina, como se pode explicar a frequência observada de cada tipo de mutante?

Exercício 4:

A DHP é transportada para o interior da célula pela prolina permëase e é incorporada nas proteínas, resultando em proteínas defeituosas e consequente morte celular. A espectinomicina liga-se aos ribossomas, inibindo a síntese proteica e levando à morte celular.

[r]Após o tratamento com o agente intercalante ICR-191, a frequência de mutantes DHP é de cerca de 10 a 4 por célula, mas a frequência de mutantes Sprr é de cerca de 10 a 9 por célula.

[r]> Sugira uma explicação para a diferença nas taxas de mutação entre DHP e Sprr e proponha uma experiência genética para testar a sua ideia.

Exercício 5:

As bactérias *E. coli* de tipo selvagem são incapazes de crescer na presença de ácido (gordo) decanóico (Dec-). Foi efectuado um teste de flutuação de Luria-Delbruck por sementeira de 10^8

81

células obtidas a partir de 10 culturas independentes em placas de ácido decanóico e, simultaneamente, por sementeira de 108 células de uma única cultura em 10 placas de ácido decanóico (quadro 4). Os resultados obtidos são apresentados de seguida:

Quadro 4: Resultados da cultura de *E. coli* de tipo selvagem na presença de ácido decanóico

Cultura indiana-suspenso	Número de colónias	Cultura (Apenas um)	Número de colónias
1	22	1	17
2	18	2	24
3	19	3	23
4	24	4	26
5	20	5	20
6	23	6	22
7	21	7	21
8	22	8	24
9	21	9	20
10	17	10	19

Com base nestes resultados, a mutação Dec + é aleatória ou adaptativa?

Exercício 6:

Infectou uma cultura de *E. coli* com um bacteriófago virulento. [-4]A maioria das células é lisada, mas algumas sobrevivem: 1 x 10 células na sua amostra.

> As bactérias resistentes são causadas pela infeção por bacteriófagos ou já existiam na cultura bacteriana?

Anteriormente, numa outra experiência, espalhou uma suspensão diluída *de E. coli* num meio sólido numa grande placa de Petri e, depois de observar que cresciam cerca de 103 colónias, fez uma réplica desta placa em três outras placas. Apercebe-se de que pode utilizar estas placas para testar as suas duas hipóteses.

Coloca-se uma suspensão de bacteriófagos em cada um dos três pratos de réplica para que as bactérias possam ser infectadas.

> O que é que se deve ter em atenção se o bacteriófago criar resistência? O que é que se deve ter em atenção se já existir resistência bacteriana?

Exercício 7:

Três auxotróficos de prolina diferentes foram semeados em placas mínimas sem prolina e incubados a 22°C, 30°C ou 42°C durante dois dias (Quadro 5). Os resultados são apresentados no quadro seguinte:

Quadro 5: Resultados da incubação dos três auxotróficos a diferentes temperaturas.

Duplo mutante	Crescimento em meio mínimo a:		
	22°C	30°C	42°C
pro-1 pro-2	-	-	-
pro-1 pro-3	-	+	-
pro-2 pro-3	-	-	-

> Para cada estirpe, indicar se a pro-mutação é uma mutação nula, uma mutação sensível à temperatura ou uma mutação sensível ao frio.

Exercício 8:

As mutações são introduzidas no genoma *da E. coli* à taxa de uma mutação por cada 109 pares de bases por geração. Imagine que começa com uma população de 109 *E. coli*, nenhuma das quais tem uma mutação no seu gene de interesse, que tem 1000 nucleótidos de comprimento e é essencial para o crescimento ou sobrevivência da bactéria.

Na geração seguinte, quando a população tiver duplicado;

> Que fração de células, em média, será portadora de uma mutação no seu gene?

> Quando a população voltar a duplicar, qual achas que será a frequência de mutantes na população?

> Qual será a frequência após uma terceira duplicação?

Exercício 9:

A sequência de ADN e a sequência de aminoácidos correspondente de parte do gene *trpA* de tipo selvagem são mostradas abaixo. A sequência de ADN de três mutações *trpA* diferentes é mostrada diretamente abaixo da região correspondente na sequência de tipo selvagem (é mostrada a sequência de ADN da cadeia codificante - ou seja, TTG = UUG = Leu).

```
209 210 211 212 213 214 215 216 217 218 219 220 221
TTG CAG GGA TTT GGT ATT TCC GCC CCG GAT CAG GTA AAA
Leu Gln Gly Phe Gly Ile Ser Ala Pro Asp Gln Val Lys
 *

TAG CAG GGA TTT GGT ATT TCC GCC CCG GAT CAG GTA AAA
                    *
TTG CAG GGA TTT GGT GTT TCC GCC CCG GAT CAG GTA AAA

TTG CAG GGA TTT GGT ATT TCC GCC CCG ATC AGG TAA AA-
```

> Usando a tabela de códons, mostre a sequência de aminoácidos da proteína produzida em cada um dos três mutantes *trpA*.

Exercício 10:

Quatro estirpes mutantes únicas de *Neurospora* não podem crescer em meio mínimo a menos que sejam suplementadas com uma ou mais das substâncias A-F. No quadro abaixo, o crescimento é indicado por + e a ausência de crescimento por 0. Além disso, ambas as espécies 2 e 4 crescem se E,F, ou C e F, forem adicionados ao meio mínimo (Tabela 6).

> Desenhe uma via bioquímica consistente com os dados, envolvendo cada um dos seis metabolitos, onde ocorre o bloqueio mutante em cada uma das quatro estirpes.

Tabela 6: Resultados do crescimento *de Neurospora* na presença de várias substâncias

Estirpe	A	B	C	D	E	F
1	+	0	0	0	0	0
2	+	0	0	+	0	0
3	+	0	+	0	0	0
4	=	0	0	0	0	0

Soluções para alguns exercícios

Exercicel :

A determinação exacta das taxas e frequências de mutação espontânea pode contribuir para a nossa compreensão destes processos e das vias enzimáticas que os manipulam. Os të- thodes usados para calcular mutações são baseados na expansão de clones mutantes por Luria e Delbruck e estendidos por Lea e Coulson. A frequência de mutação e as taxas de mutação estão altamente correlacionadas entre si.

São utilizados vários testes para medir a frequência e a taxa de mutação num determinado conjunto de genes. Alguns dos testes são os seguintes:

-Avida Digital Evolution e

- Teste de flutuação.

Por outro lado, para responder à questão de saber se a frequência de mutação é elevada ao nível da segunda citosina da sequência CCAGG em *E. coli* K-12, podemos simplesmente fazer o seguinte;

1-Doseamento da frequência de mutação num mutante dcm.

2-Determinar a frequência das mutações do gene *lacI* num mutante com uma sequência de reconhecimento *dcm* modificada (por exemplo, mutada para CAAGG).

Exercício 3:

1-A probabilidade de dois acontecimentos independentes é equivalente ao produto da frequência da sua ocorrência:

$$P = 10^{-6} \times 10^{-5} = 10^{-11}$$

[-5-6]2- Se todos os mutantes de transporte de prolina são também resistentes à azetidina, os mutantes de transporte de prolina representam 10 / 10 = **10%** dos mutantes resistentes à azetidina. Assim, deve haver outros tipos de mutação que também podem levar à resistência à azetidina.

Exercício 4:

- O ICR é um agente intercalante e, por conseguinte, causa mutações de frameshift que geralmente resultam no chamado fenótipo nulo (sem expressão fenotípica).

[r]A frequência relativamente elevada de mutantes DHP sugere que este gene não é essencial, uma vez que é facilmente interrompido por mutações de deslocamento.

[r]No entanto, a baixa frequência de mutações Spc sugere que a ICR não estimula mutações neste gene, provavelmente porque o gene é essencial.

Os poucos mutantes obtidos devem-se provavelmente a mutações espontâneas que não perturbam completamente o gene. [π] Para confirmar esta ideia, seria aconselhável comparar a frequência de mutações espontâneas em Spr com a frequência de mutações em Spr geradas por ICR.

Exercício 5:

A variação entre o número de colónias Dec + em culturas individuais é igual à observada com várias amostras da mesma cultura. Estes resultados sugerem que o fenótipo não se deve provavelmente a uma mutação aleatória e espontânea. (Uma mutação aleatória que apresentaria uma variação muito maior entre culturas individuais). Assim, a interpretação mais simples destes resultados é que a mutação Dec + é um exemplo de "mutagénese adaptativa".

Exercício 6:

- Para qualquer uma das hipóteses, precisamos de observar cerca de 10 colónias sobreviventes por placa. Se os bacteriófagos induzirem resistência, as colónias sobreviventes devem aparecer em posições aleatórias em cada placa de replicação.

-Por outro lado, se as mutações existirem previamente, as colónias resistentes deveriam aparecer nas mesmas posições em cada uma das três réplicas. Em experiências deste tipo, as colónias sobreviventes aparecem nos mesmos locais, o que indica que as mutações são pré-existentes na população.

Exercício 7:

Analisando os resultados obtidos, podemos deduzir que :

- O mutante nulo será inativo a todas as temperaturas.

- A mutação sensível à temperatura será inativa a 42°C mas ativa a temperaturas mais baixas.

- A mutação sensível ao frio será inativa a 22°C mas ativa a temperaturas mais elevadas.

Assim, quando as mutações sensíveis à temperatura e ao frio são combinadas, a estirpe fenotípica crescerá a 30°C, mas não a 22°C ou 42°C

pro-1 = sensível à temperatura (calor)

pro-2 = nulo (incondicional)

pro-3 = sensível ao frio.

Exercício 8:

1-Na população inicial, existem 106 cópias do seu gene de 1000 pb, ou seja, um total de 109 pb que devem ser copiados quando a população duplicar.

[-7] Com uma taxa de mutação de uma mutação a cada 109 pb por geração, podemos esperar que uma cópia do nosso gene de 1000 pb seja portadora de uma mutação (uma célula mutante) na população de 2 x 106 células, o que representa uma frequência de 5 x 10 [1 célula mutante/(2 x 106 células no total)].

[6]2-Após a primeira duplicação, existem 2 x 10 cópias do seu gene de 1000 bp, ou seja, um total de 2 x 109 bp que precisam de ser copiados durante a próxima duplicação da população.

[-7]Com a mesma taxa de mutação, esperamos agora que sejam geradas 2 cópias mutantes do gene, o que corresponde a uma frequência de novos mutantes de 5 x 10 [2 células mutantes/(4 x 106 células totais)].

No entanto, a frequência de mutações na população é mais elevada porque a célula mutante gerada na primeira duplicação divide-se para produzir duas células mutantes na segunda geração, dando uma frequência mutante global de 10 6 [4/(4 x 106)].

[69]2-Após a segunda duplicação, existem 4 x 10 cópias do seu gene de 1000 bp, perfazendo um total de 4 x 10 bp para copiar. [-7]Portanto, esperamos que 4 cópias mutantes do gene sejam geradas, dando uma frequência de novos mutantes de 5 x 10 [4/(8 x 106)] na terceira geração.

[-6]As quatro células mutantes presentes após a segunda duplicação também se duplicarão para produzir 8 células mutantes; a frequência global de mutantes é, portanto, 1,5 x 10 6 [12/(8 x 10)].

Este exercício ilustra uma diferença fundamental entre taxas de mutação e frequências de mutação. As taxas de mutação são constantes, enquanto as frequências aumentam à medida que a população de células cresce.

1-Recomendação de curso

A mutagénese é um processo pelo qual a informação genética de um organismo é modificada, resultando em mutação. Este processo pode ocorrer espontaneamente na natureza ou após exposição aos chamados agentes mutagénicos.

A mutagénese dirigida é um método de grande qualidade que permite estudar os genes, o genoma num contexto de análise funcional, compreender o mecanismo molecular da biodiversidade a diferentes níveis organizacionais.

Existem muitos agentes mutagénicos diferentes e a sua utilização depende do objetivo da experiência a realizar. Distinguimos os seguintes agentes;

- Agentes físicos (radiação ultravioleta, radiação ionizante, etc.).
- Agentes químicos (análogos de bases, agentes de transformação de bases, agentes alquilantes, compostos nitrosos, metais, micotoxinas, hidrocarbonetos).
- Outros agentes que perturbam o funcionamento do material genético (agentes de intercalação, inibidores da síntese de ácidos nucleicos, indutores de polipoi'die).

Os sistemas de reparação têm uma ação a jusante e estão activos após a falha dos pontos de controlo e dos processos de regulação pós-transcricional e pós-tradução, a fim de minimizar a extensão das consequências e evitar a perda definitiva e irreversível do controlo.

Até à data, foram descritos quatro grandes sistemas de reparação;

- Reparação por reversão direta da lesão:

J A fotorremediação após mutação ultravioleta (UV) envolve a presença de uma enzima de fotorreactivação específica, a "fotoliase" (ou enzima PR), que é activada pela luz azul (300 a 600 nm).

J Desalquilação: alquilguanina-DNA alquiltransferase (produto do gene ada) que é capaz de desalquilar a alquilguanina sem quebrar a espinha dorsal da fosfodesoxirribose.

- Sistemas de reparação dependentes de homologia:

J Reparação por excisão

Reparação por excisão de bases (BER)

Sistema de reparação por excisão de nucleótidos (NER)

J Reparação de incompatibilidades MMR (pós-replicativa)

- Rëparação de quebras de cadeia dupla (DSB)

❖ Rëparação através do sistema NHEJ

❖ Reparação por recombinação homóloga

- SOS (Save Our Selves) reparação ou passagem.

2-Pré-requisitos :

J Saber distinguir entre uma mutação espontânea e uma mutação induzida

-Compreender o conceito de mutagénese e de agentes mutantes.

-Ter uma ideia geral dos pontos de controlo.

3-Objectivos

-Conhecer as vantagens da mutagénese aleatória e da mutagénese dirigida.

J Compreender as consequências dos agentes mutagénicos, com exemplos concretos.

J Estudar as estratégias de proteção e a eficácia dos sistemas de reparação.

Série n :4 "Mutagénese e sistemas de reparação".

Exercício 1:

A mutagénese com luz UV causa uma variëtë de tipos de mutação, mas o mutagénio ICR181 causa especificamente mutações de deslocamento de quadro. Um grande número de mutações *putP de Klebsiella aerogenes* foi obtido com ambos os mutagénicos. Aproximadamente 5% dos mutantes *putP* obtidos após a mutagénese UV apresentaram CRM detetável, ao passo que nenhum dos mutantes obtidos após a mutagénese ICR-181 apresentou CRM detetável.

> O que significa a presença de CRM?

> Sugërez uma explicação provável para estes resultados.

Exercício 2:

Você e o seu diretor estão a tentar isolar mutantes em *E.coli* utilizando a luz UV como mutagénio.

Para obter um número muito elevado de mutantes, apercebe-se que é necessário utilizar uma dose de irradiação que mata 99,99% das bactérias.

Trabalhou durante a noite e obteve resultados muito mais consistentes do que os obtidos de manhã pelo seu consultor, que, além disso, necessitava de doses de irradiação 10 a 100 vezes superiores para obter o mesmo Mtalit^.

> Como é que podemos explicar esta diferença de resultados?

Exercício3 :

Os agentes mutagénicos, como a N-metil-N′-nitro-nitrosoguanidina (MNNG) e a metilnitrosina (MNU), são poderosos agentes mëtilantes e são extremamente tóxicos para as células.

As bactérias foram colocadas primeiro numa concentração baixa de MNNG (1 |ig/ml) durante

90 min e depois num novo meio sem MNNG. Em momentos diferentes durante e após a exposição à dose baixa de MNNG, amostras da cultura foram tratadas com uma concentração elevada (100 |ig/ml) de MNNG durante 5 min e testadas quanto à viabilidade e à frequência de mutação.

Como mostra a Figura 38, a exposição a uma dose baixa de MNNG aumenta o número de sobreviventes e diminui temporariamente a frequência de mutantes entre as células sobreviventes.

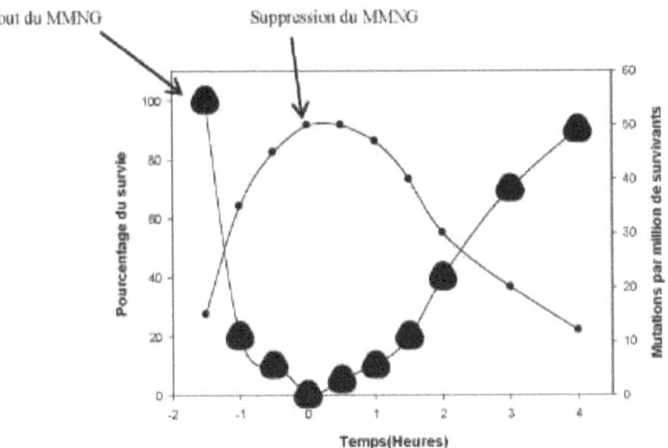

Figura 38: Resposta adaptativa *de E. coli* a uma dose baixa de MMNG

Como a Figura 39 também mostra, esta resposta adaptativa à dose baixa de MNNG é impedida se o cloranfenicol, um inibidor da síntese proteica, for adicionado ao meio de incubação.

> A resposta adaptativa *da E.coli* a um baixo nível de MNNG requer a ativação de uma proteína pré-existente ou a síntese de uma nova proteína?

> Na sua opinião, porque é que a resposta adaptativa a uma dose baixa de MNNG é de curta duração?

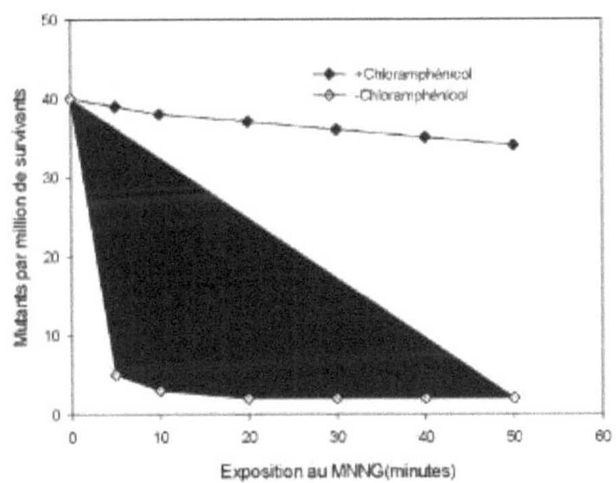

Figura 39: Efeito do cloranfenicol na resposta adaptativa *de E. coli*

Exercício 4:

Para além de matar as bactérias, a luz UV provoca mutações. Mediu a frequência das mutações induzidas pela luz UV em *E. coli* de tipo selvagem e em estirpes com defeito no gene *uvrA* ou *recA* (Quadro 7). Os resultados são apresentados no quadro seguinte.

Tabela 7: Frequência das mutações INDUZIDAS PELA RADIAÇÃO ULTRAVIOLETA em diferentes estirpes *de E. coli*

Estirpe	Sobrevivência (por 100)	[10]Mutações/10 sobreviventes
Tipo selvagem	100	400
Rec A	10	1
UvrA	10	40000

Surpreendentemente, as frequências de mutações induzidas por UV diferiram espectacularmente nestas estirpes.

Partindo do princípio de que os produtos dos genes *recA* e *uvrA* participam em vias diferentes de reparação dos danos causados pelos raios UV.

> Indicar qual o itinerário mais suscetível de erros.

> Qual é a via predominante nas células de tipo selvagem?

A via propensa a erros é o resultado da incorporação errónea de nucleótidos em sítios alterados não reparados por polimerases de ADN especializadas.

Um deles tende a incorporar uma adenina oposta a um dímero de pirimidina.

> Será esta uma boa estratégia face aos danos causados pelos raios UV?

> Calcule a frequência de alterações de bases (mutações) quando um A é inserido versus incorporação aleatória (cada nucleótido com a mesma probabilidade) para *E. coli*, em que os dímeros de pirimidina são aproximadamente 60% TT, 30% TC e CT e 10% CC.

Exercício 5:

A junção de extremidades não-homólogas, conhecida como NHEI, é responsável pela ligação de sequências de ADN que não são homólogas entre si. As junções formadas pela NHEJ encontram-se normalmente em locais de rearranjos do ADN, incluindo translocações, inversões, duplicações e deleções. Estudos de um grande número destas junções revelaram a presença de "micro-homologia" em junções que variam de 0 a 0,5 nucleótidos. Na Figura 40 são apresentados exemplos de junções com 0 e 2 nucleótidos de micro-homologia.

<pre>
              0   2
 -GCAATC GTGGAG-   Séquence A   -ATCCG |GT| TTCGA-
 -CGTTAG CACCTC-   -TAGGC |CA| AAGCT-

 -GCAATC AATCCG-   Séquence A   -ATCCG |GT| ACCAG-
 -CGTTAG TTAGGC-   réarrangée   -TAGGC |CA| TGGTC-

 -CCGTAG AATCCG-   -CCTTA |GT| ACCAG-
 -GGCATC TTAGGG-   Séquence B   -GGAAT |CA| TGGTG-
</pre>

Figura 40: Micro-homologia nas junções de rearranjo

> Estas homologias curtas fazem parte do mecanismo NHEJ ou são aleatórias?

As micro-homologias em 110 junções NHEJ são apresentadas com a sua distribuição aleatória esperada na Tabela 8.

> Utilizando o teste do qui-quadrado, determine se a distribuição observada no Quadro 8 é diferente ou igual à distribuição esperada ao acaso.

Tabela 8: Distribuição observada e prevista das junções micro-homológicas

Distribuição	Micro-homologia					
	1	2	3	4	5	6
Observar	47	21	14	13	0	0
Esperado	62	31	52	04	0	0

Exercício 6:

Vários genes em *E. coli*, incluindo uvrA, uvrB, uvrC e recA, estão envolvidos na reparação de lesões por UV. As estirpes de *E. coli* deficientes em qualquer um destes genes são muito mais sensíveis aos efeitos letais da luz UV do que as células não mutantes (tipo selvagem) das estirpes uvrA e recA.

> Porque é que as combinações entre uma mutação rec A e uma mutação *uv* r resultam em estirpes bacterianas extremamente sensíveis aos UV, enquanto que as combinações entre mutações em diferentes genes uvr não resultam numa maior sensibilidade aos UV do que as mutações individuais?

[2]Para o mutante duplo *uvrArecA*, uma dose de 0,04 Joules/m resultou em 37% de sobrevivência.

> Calcule quantos dímeros de pirimidina constituem um ataque intestinal para a estirpe *uvrArecA*. O genoma *da E.coli* tem 4,5 . [62] 10 pares de bases (suponha 50p.100 de GC) sabendo que a exposição do ADN à luz UV a 400 joules/m converte 1p.100 de todos os pares de pirimidina (TT,TC,CT e CC) em dímeros de pirimidina.

Soluções para alguns exercícios

Exercício 1:

-Um MRC (material de reação cruzada ou matëriel a réaction croisëe) envolve a utilização de uma substância suficientemente diferente da substância de referência (R) com uma função substancialmente diferente desta última, mas suficientemente semelhante para reagir com anticorpos anti-(R).

1-A presença de CRM sugere que o fenótipo mutante é causado por uma mutação missense (ou seja, a proteína é produzida e pode ser detectada por anticorpos, mas está inativa).

2- As mutações de frame-shift resultam na terminação prematura do *putP* e o polipéptido truncado é rapidamente degradado por proteases celulares (daí não haver CRM). Por outro lado, uma pequena percentagem de mutações espontâneas são mutações de substituição de bases que resultam em mutações missense (daí CRM +).

Exercício 2:

-A variável nestas experiências é a luz: quanto mais brilhante for a luz, menos letalidade é observada. A luz visível pode, por conseguinte, inverter os efeitos da irradiação UV.

A reversão direta das lesões causadas pelos raios UV é comum nos microrganismos e é conhecida como fotorreactivação enzimática.

A enzima da *E. coli* tem dois cromóforos que cooperam na captura de fotões da luz solar e utilizam a sua energia para dissociar dímeros de pirimidina.

Exercício 3:

A - A resposta adaptativa a níveis baixos de MNNG deve exigir a síntese de novas proteínas, uma vez que a resposta é bloqueada pelo cloranfenicol (ver figura 2). Se a ativação de uma proteína pré-existente fosse suficiente, não seria de esperar que o cloranfenicol impedisse a adaptação.

B. A resposta adaptativa pode ser de curta duração por várias razões. Uma vez que o sinal de adaptação (em última análise, o MNNG) tenha desaparecido, a síntese induzida de novas proteínas deve provavelmente parar.

A resistência aos efeitos mutagénicos e letais do MNNG depende então da estabilidade das proteínas induzidas. Se forem relativamente instáveis, o estado de resistência diminui rapidamente à medida que as proteínas se tornam inactivas; e mesmo que as proteínas sejam estáveis, o estado de resistência da população bacteriana diminui rapidamente devido ao seu crescimento e à diluição consequente das proteínas.

Exercício 4:

A-A extrema sensibilidade UV dos mutantes duplos *UvrARecA,* em comparação com as células com mutações em ambos os genes Uvr, sugere que existem duas vias distintas para tratar os danos UV.

Os produtos do gene *Uvr* estão envolvidos numa via, enquanto o RecA está envolvido numa via diferente.

Regra geral, se uma combinação de genes mutantes produz um fenótipo que não é mais defeituoso do que os dos genes mutantes individuais, é provável que os produtos dos genes actuem na mesma via.

8. Uma dose letal na estirpe *UvrARecA* corresponde a aproximadamente um dímero de pirimidina. O número de dímeros de pirimidina por dose letal pode ser calculado da seguinte forma:

Como *a E. coli* é composta por 50% de GC, as quatro bases também estão representadas no genoma. Se tivessem um bacon aleatório (o que não é o caso, mas esta hipótese é uma aproximação razoável), então dos 16 pares de dinucleótidos possíveis no ADN, um quarto seriam pares de pirimidina. Consequentemente, o genoma *da E. coli* (4,6 x 106 pares de bases) contém 1,2 x 106 possíveis alvos de UV.

[2]Dado que uma dose de 400 J/m converte 1% dos pares de pirimidina (pyr) em dímeros de pirimidina, o número de dímeros por dose em E. coli é calculado do seguinte modo Dado que uma dose de 400 J/m converte 100 dos pares de pirimidina (pyr) em dímeros de pirimidina, o número de dímeros por dose em *E. coli* é calculado do seguinte modo

$$\frac{dim\grave{e}res\ pyr}{dose\ l\acute{e}tale} = \frac{1,2 \times 10^6\ paires\ pyr}{E.coli} \ x \ \frac{0,04J/m^2}{dose\ l\acute{e}tale} \ x \ \frac{1\ dim\grave{e}re\ pyr}{100\ paires\ pyr} \ x \ \frac{1}{400J/m^2} 1,2.$$

1-Recomendação de curso :

Os elementos transponíveis são segmentos discretos de ADN que podem ser inseridos repetidamente em múltiplos locais dentro do gënoma. Este processo é indëpendente dos mëcëcanismos previamente reconhecidos para a integração de moléculas de ADN e ocorre sem a presença de homologia de sequências de ADN.

Os transposons têm rëyëкз etre ëlë elementos de vários tamanhos, estrutura, spëcificitë de inserção, mëcanismo de transposição e regulação e podem possëder várias origens filogënëticas.

As inserções simples, por outro lado, são caracterizadas por caraterísticas estruturais específicas:

•   Cada inserção contém exatamente o mesmo conjunto de transposições não per- mutëe de sëquências, são acompanhadas por uma duplicação de uma curta зë- quência de DNA alvo;

•   As extremidades dos transposons terminam em curtas rëpëtitions invertidas Kleckner (1981) dividiuë os ëléments transponíveis em três classes distintas, baseadas nas propriëtës estruturais, no mëcanismo de transposição e na homologia das sëquências de DNA das quais temos conhecimento :

•   Classe I (módulos de sequência de inserção (IS) e os ëléments compostos formados a partir deles. Os módulos IS são elementos curtos, com menos de 2 kb de tamanho, que codificam apenas os determinantes relevantes para a sua própria transposição (IS1 {IS5, IS102, ISR1). Duas das cópias de certos IS que flanqueiam um segmento de DNA foram chamadas de transposons compostos.

•   Classe II (a família dos transposões (Tn), com mais de 5 kb de tamanho, contendo 38 a 40 pb invertidos e repetições nas suas extremidades, gerando repetições de 5 pb de ADN alvo durante a inserção.

• A classe III contém bacteriófagos transpositores, como o Mu ou os seus derivados. Estes possuem genes e sítios de transposição, bem como genes para a replicação do ADN, o desenvolvimento do fago e a lise celular.

As sequências de inserção simples (IS) incluem os factores necessários para a recombinação cis, em particular, as sequências de ADN recombinantemente activas que definem as extremidades do segmento, juntamente com a enzima transposase que reconhece e processa essas extremidades.

Os elementos transponíveis provaram ser excelentes ferramentas para a análise de génese:

J Como mutagënes insercionais, resultando em mutações de perda de função estáveis que são fáceis de mapear e manipular.

• *S* Como fontes de marcadores selecionáveis que facilitam o mapeamento, a mu- tagénese, a clonagem in vitro e a construção de estirpes recombinantes.

• *S* Como agentes de дёпёгег fusões, deleções e inversões de replicões.

• *S* Como sítios de restrição portáteis para manipulação de ADN in vitro, mapeamento gënëtico e mapeamento gënómico em grande escala.

• *S* As regiões de homologia portáteis para gënërer fusões, dëlëtions, duplicações e inversões de replicões por recombinação homóloga.

• *S* Como vectores para mover virtualmente qualquer gene ou sequência para locais fixos ou al'atórios no gënoma.

• *S* Como repórteres de genes ГёШ para analisar o controlo da expressão genética, detetar genes que só são expressos em determinadas circunstâncias, a localização de protëinas e os seus domínios transmembranares

• *S* Como transportadores de terminadores de transcrição para análises de organização de opëron e regulação transcricional.

• *S* Como portadores de promotores de regul's para gënërer mutações condicionais;

• *S* Como sítios de ligação de primers móveis para a sëquen9age do DNA do clon' **2-Pré-requisito:**

• Ter uma ideia dos transposões, da sua estrutura e do seu papel.

• Conhecer o conceito de cartografia g'n'tica.

J Conhecer os diferentes tipos de transposões.

3-Objectivos :

• Conhecer as aplicações e utilizações dos transposões.

• *S* Previsão de cruzamentos e resultados de recombinação.

Aprender a fazer mapas.

Exercice1 :

O transposão Tn10 codifica a resistência à tetraciclina (Tet). É um transposão completo que codifica a sua própria transposase.

> Dëdescrita duas formas de transmissão do transposão Tn10 para células receptoras de modo a sëlect ëvë eventos de transposição.

Exercício 2:

O Opëron srl é necessário para o crescimento na presença de sorbitol como única fonte de carbono.

Dado que um lisado de fago P1 dëveloppë em um grupo aleatório de inserções aleatórias de Tn10 no cromossomo de *Shigella sp* de tipo selvagem e um recetor Srl,

> Como se pode isolar uma inserção Tn10 ligada ao operão srl?

> Descreve os cruzamentos que farias e indica o fenótipo de cada possível classe de recombinante obtido.

Exercício 3:

Um método comum de transmissão de transposões consiste em utilizar um "plasmídeo suicida" que não se pode replicar nas células receptoras. O pGP704 é um plasmídeo AmpR que só se pode replicar se a proteína Pi (codificada pelo gene pir) estiver presente na célula recetora.

[+R]Dada uma estirpe pir de *E. coli* que transporta um derivado de pGP704 com o transposão Tn5 (Kan),

> Como selecionar inserções de um recetor *S typhi* que seja r-m +? (Descrever o recetor a utilizar, como transferir o plasmídeo e como selecionar inserções Tn5).

> Como se pode facilmente deduzir que a transferência de Tn5 leva à transposição para um grande número de genes diferentes no cromossoma *de S. typhi*? Explique a sua lógica.

Exercício 4:

O gene sefA codifica um tipo de pilus exclusivo da *Salmonella enteritidis*. [+]Dada uma estirpe sefA , um mutante sefA ::Kan e um lisado de transdutor generalizado P22 desenvolvido num conjunto aleatório de inserções de transposão Tn10 (resistente à tetraciclina)

> (Desenhe um diagrama mostrando o ADN dador e recetor com quaisquer eventos de transposição ou recombinação ëvë, e indique o meio que utilizaria para cada seleção).

[+]Com um lisado de fago P22 cultivado numa estirpe com uma inserção Tn10 Hëc no gene sefA ;

> Como poderia isolar mutações pontuais no gene sefA? (Desenhe uma figura mostrando o ADN dador e recetor e descreva as selecções que utilizaria).

Exercício 5:

Os transposões que transportam genes de resistência aos antibióticos podem ser utilizados como marcadores genéticos convenientes: é possível exigir a transmissão do transposão através do rastreio da resistência aos antibióticos e é possível testar a perda do transposão através do rastreio da sensibilidade aos antibióticos. Por exemplo, os transposões podem ser utilizados para o mapeamento de genes, como ilustrado no quadro 9.

Os lisados de P22 cultivados em dois mutantes de inserção de transposão ligados ao operão put (zcc :: Tn10) foram utilizados para transduzir mutantes putP e putA, tal como indicado no quadro seguinte:

Quadro 9: Número de transdutores em cultura de lisados de P22 com dôls mutantes de inserção de transposão ligados ao operão put (zcc :: Tn10)

Doador	Recetor	Seleção	Transdutores			
			Tetr	putP+	Kan^s	Colocar+
Zcc-4 ::Tn10 *put*⁺	*'putP* putA/Mud *J*(Kan)	Tet^r	200	35	40	35
Zcc-4 ::*Tn10 putP*·	*⁺'putP* putA/Mud *J*(Kan)	Tet^r	200	165	40	40
Zcc-6 ::Tn10 *put*⁺	*'putP* putA/Mud *J*(Kan)	Tet^r	200	100	80	80
Zcc-4 :: *Tn10 putP*·	*⁺'putP* putA/Mud *J*(Kan)	e^r	200	100	20	0

> Desenhe um mapa que mostre as frequências e localizações relativas da cotransdução de zcc-4 :: Tn10, zcc-6 :: Tn10, putP e putA.

Soluções para alguns exercícios

Exercício 1:

O transposão Tn10 pode ser transmitido através das duas abordagens seguintes:

(1)Introduzir o transposão numa célula recetora utilizando um fago defectado que não pode replicar-se no hospedeiro nem lisogëneise o hospedeiro por sëlecting resistência à Tëlraciclina.

(2) Introduzir o transposão numa célula recetora num plasmídeo suicida que não pode replicar-se no hospedeiro, selecionando a resistência a Tet.

Exercício 3:

1-Na figura 41, é prësentëe uma descrição da estratégia de sëelecção de inserções em *S typhi* como estirpe recetora;

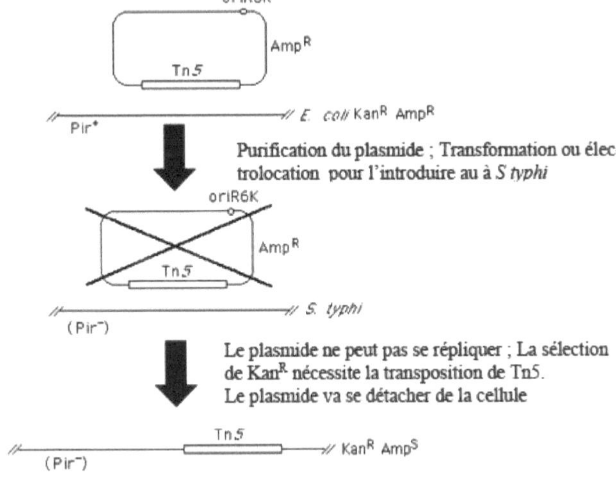

Purificação do plasmídeo; Transformação ou electrolocalização para o introduzir em *S. typhi*

O plasmídeo não se pode replicar; a seleção de KanR requer a transposição de Tn5.

O plasmídeo desprender-se-á da célula

Figura 41: Plano proposto para a selecção de inserções em *S typhi*

B- Explicação:O truque é procurar inserções numa variëtë de gënes que representem um sítio-alvo grande (para que seja fácil encontrar inserções no sítio) e fa- cilmente dëtectáveis.

O rastreio de mutações auxotróficas é uma excelente forma de o fazer; os mutantes auxotróficos representam cerca de 1 a 4% dos genes "não essenciais" nas bactérias entéricas, e é fácil rastrear os auxotróficos replicando-os num meio mínimo.

Exercício 4:

A-Proposta de um diagrama que descreve como isolar uma estirpe com um
Tn10 perto da mutação sefA :: Kan

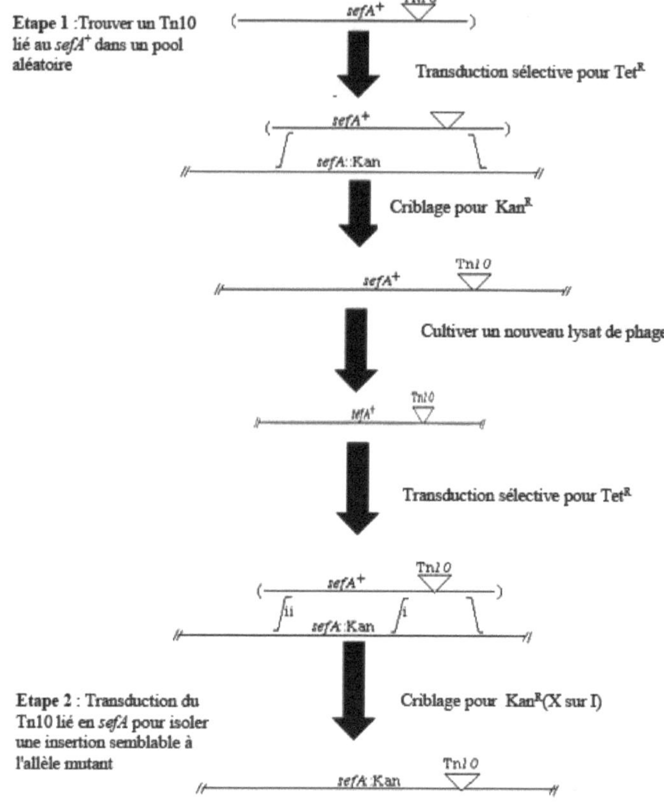

Passo 1: Encontrar um Tn10 *ligado a sefA+* num conjunto aleatório
Despistagem de KanR
Cultivo de um novo lisado de fago
Transdução selectiva para TetR
Transdução selectiva para TetR
Etapa 2: Rastreio da transdução de KanR(X on I) Tn10 *ligado a sefA* para isolar uma inserção semelhante a um alelo mutante
Figura 42: Diagrama que mostra o isolamento de uma estirpe com uma inserção Tn10 e a mutação sefA :: Kan
ião semelhante ao alelo mutante

b-Diagrama mostrando como isolar mutações pontuais no gene sefA:

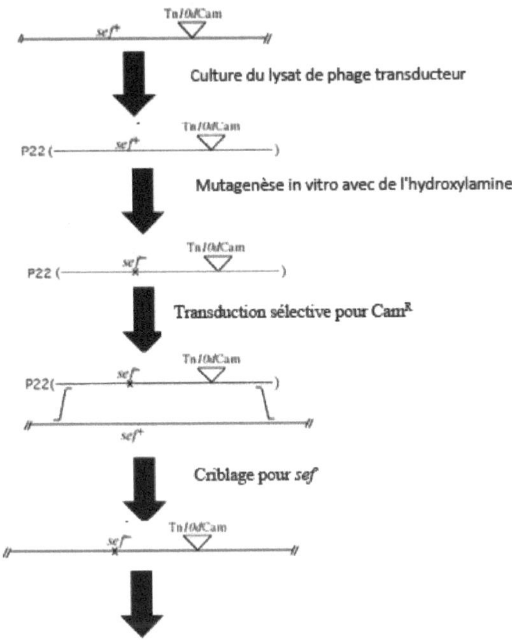

Cultura de lisado de fago transdutor

Mutagénese in vitro com hidroxilamina

Transdução selectiva para CamR

Despistagem de *sef-*

Finalmente, o fago transdutor deve ser cultivado e retrocruzado para confirmar que a mutação está em *sef*

Figura 43: Diagrama de isolamento de uma estirpe com mutações pontuais no gene *sefA*

1-Recomendação de curso

Este fenómeno ocorre num grande número de espécies bacterianas (Enteroba cteries, Rhizobium, *Streptococcus, Streptomyces...*). Foi particularmente bem estudado em *Escherichia coli*.

J Plasmídeos conjugativos :

Envolvem o contacto entre duas células, ocorrendo um emparelhamento específico entre uma célula dadora e uma célula recetora. A célula dadora tem estruturas parietais envolvidas no emparelhamento e na transferência de material genético, conhecidas como pili sexuais.

Estes pili pertencem a duas categorias, F e I, que podem ser distinguidas por lisotípia (bacteriófagos de ARN específicos) e imunologia. Após o contacto, os pili são susceptíveis de se retrair, provocando a aderência das células. A formação de pili está ligada à presença de plasmídeos conjugativos na célula dadora.

Em princípio, as células receptoras devem ser do tipo "fêmea", ou seja, não devem possuir elas próprias plasmídeos conjugativos. (Não esquecer que existem incompatibilidades entre as diferentes classes de plasmídeos).

A transferência de plasmídeos pode levar a que a célula recetora adquira novas propriedades a partir dos genes transmitidos, como a resistência a um antibiótico (o que constitui um verdadeiro problema no caso de estirpes receptoras patogénicas).

Note-se que os plasmídeos portadores de resistência (fator R) são classificados em 2 categorias, que utilizam pili I ou pili F para a sua transferência: os pili I são induzidos pelo fator colicinogénio ColEl (*pColEl*), enquanto os pili F são induzidos pelo fator F: ambos os tipos ligam vários fagos.

A transferência de um ADN plasmídico conjugativo envolve a replicação através de um mecanismo de círculo rolante.

 Fator F :

O fator F *de Escherichia coli*, ou fator de fertilidade, é um plasmídeo conjugativo do tipo epissoma, ou seja, capaz de se integrar no cromossoma.

O fator F tem genes para a replicação autónoma, para a formação de pili sexuais, para a transferência conjugativa e contém sequências de inserção (2 do tipo IS3 e 1 do tipo IS2).

As células que possuem o fator F são chamadas F+: são as células dadoras ou células "masculinas". O número de factores F por célula é baixo: 1 a 2.

As células receptoras, ou células "femininas", são conhecidas como células F-. [+]Durante o contacto celular através dos pili, a célula F recebe o fator F e transforma-se assim numa célula F .

J Transferência! cromossómica :

[-4]Durante um phënomëne conjugativo e em paralelo a Гёоƅапдё de plasmídeos F, que ocorre para um grande número de células, pode ocorrer uma mudança muito mais rara de gëriel cromossómico (conjugação cromossómica de baixa frequência) (frequência 10).

A célula F+ actua como dadora e a célula feminina como recetora: a dadora transmite apenas parte do seu material genético (exogenota). A mistura gënética só é efectiva após um processo de recombinação gënética entre esta exogenota e a endogenota da célula recetora.

Existem mutantes que dão uma elevada frequência de recombinação. Estes são chamados mutantes Hfr: são derivados de células F+. Nos mutantes Hfr, o fator F é integrado no cromossoma por um processo semelhante ao da integração do bacteriófago ^.

2-Pré-requisitos :

O estudante deve ter conhecimentos de :

 A noção de recombinação e de conjugação.

O processo de conjugação e os seus elementos.

O conceito de plasmídeos conjugativos e recombinantes .

3-Objectivos :

Aprender a elaborar um plano de isolamento.

Localizar a posição das mutações.

Desenhe um diagrama que ilustre o evento de recombinação para apoiar a sua lógica.

TD n :6 Série "Conjugação

Exercício 1:

Os genes *proA, proB* e *proC* são necessários para a biossíntese da prolina. [-R]Dada uma estirpe dadora com um Hfr integrado entre os genes *proA+ proB+* e proC+, como se mostra abaixo, e um recetor *proC* Str (Figura 44).

> Como isolar um *F* proC+ (esquematizar o plano de isolamento proposto)

$$proA\ proB\ proC^+$$

Figura 44: Localização dos genes *proA proB e proC*

Exercício 2:

[R]Str é um novo mutante que foi isolado e é incapaz de utilizar acetato como fonte de carbono (ace). [S+]Para determinar onde ocorreu a mutação, esta foi cruzada com as quatro estirpes dadoras de Hfr Str *ace* diferentes apresentadas abaixo (Figura 45).

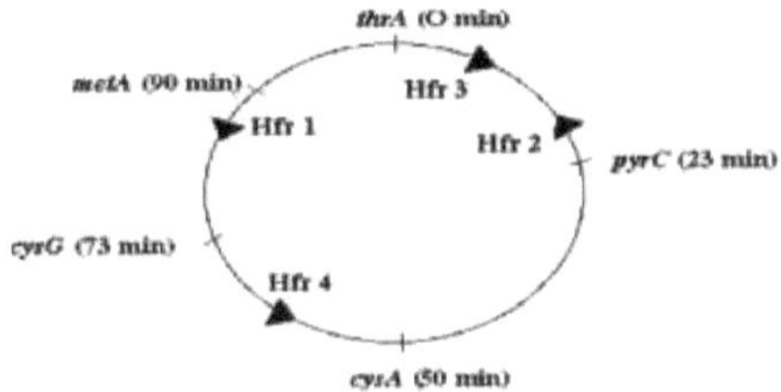

[s]**Figura 45**: Localização e direção da transferência de cada Hfr da Str *ace⁺*

> a-Qual é a seleção de exconjugantes nesta experiência?

> b-Qual é a contra-seleção contra as estirpes dadoras nesta experiência?

> c - Analisando os resultados do quadro 10, determinar a posição da mutação Ace.

Tabela 10: Número de colónias ACE obtidas contra cada estirpe dadora

Estirpe do dador	Colónias *ACE*
Hfr1	1000
Hfr2	5
Hfr3	1000
Hfr4	80

Exercício 3:

[SSS]*Foi* efectuado um cruzamento entre Hfr H *met* AziR [TonR] Str e F- *thr leu lac gal* Azi Ton StrR em placas contendo uma quantidade mínima de glucose com metionina, azida e estreptomicina (quadro 11).

> a-Que marcadores foram selecionados?

Os recombinantes do cruzamento acima referido foram espalhados em placas de caldo nutritivo contendo o corante indicador e a fonte de carbono abaixo indicados.

> b-Quais são os genótipos dos recombinantes em relação a estas fontes de carbono?

Quadro 11: Cor das colónias dos cruzamentos recombinantes

Fonte de carbono	Corante indicador	Cor das colónias recombinantes
Lactose	Tetrazólio	Branco
Galactose	EMB	Ouro vermelho Violeta

Exercício 4:

[RRS]Foi isolada uma estirpe de *E. coli* resistente aos antibióticos tetraciclina (Tet) e canamicina (Kan) mas sensível ao ácido nalidíxico (Nal).

[RRS S]Para determinar se a resistência aos antibióticos estava codificada num plasmídeo conjugal, foi efectuado um cruzamento do dador Tet Kan com duas estirpes diferentes de receptores *de E. coli*, Tet Kan [NalR]. Os resultados obtidos são apresentados no quadro 10, juntamente com os controlos "apenas dador" e "apenas recetor".

> Analisando os resultados do quadro 12, o que é que se pode concluir sobre a transferência

dos genes TetR e KanR?

> Como podemos explicar a diferença entre os resultados obtidos para as duas estirpes receptoras utilizadas *(E coli* B e *E coli* C)?

[RR]**Quadro 12**: Resultados do cruzamento de dadores de Tet Kan com duas estirpes de receptores de *E. coli*

Estirpe do dador	Estirpe do recetor	Número de colónias em placas com	
		Tet+Nal	Kan+Nal
TetR e KanRNalS	Não	2	5
Não	*E coli* B TetS e KanSNalR	0	0
TetR e KanRNalS	*E coli* B TetS e KanSNalR	7	4
Não	*E coli* C TetS e KanSNalR	0	0
TetR e KanRNalS	*E coli* C TetS e KanSNalR	500	80

Exercício 5:

A organização cromossómica da *Salmonella typhimurium* e da *Salmonella typhi* é apresentada na Figura 46. De um modo geral, a sequência de ADN dos genes destas duas bactérias é aproximadamente 99% idêntica. Os operões *rrn* codificam o ARN ribossómico. Embora a localização dos operões de ARN seja diferente entre estas duas bactérias, a ordem dos genes localizados entre os operões de ARN é conservada (por exemplo, a ordem dos genes no fragmento A é a mesma em ambas as bactérias).

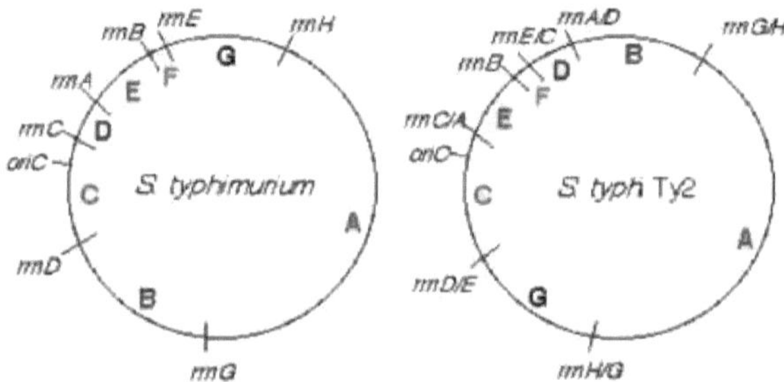

Figura 46: Organização cromossómica de *S. typhimurium* e *S. typhi*

Para permitir o isolamento de híbridos entre estas duas bactérias, foi construído um plasmídeo com as seguintes propriedades: [++R](i) a origem de replicação foi obtida a partir do plasmídeo R6K e, por conseguinte, requer a replicação de uma proteína codificada pelo gene *pir*; (ii) o plasmídeo não transporta o gene *pir*, mas a proteína Pi pode ser fornecida em trans; (iii) o plasmídeo contém um clone com o promotor e a primeira metade de um operão *rrn*; (iv) o plasmídeo codifica Amp .Para a sua construção, foram utilizados clones Hfr de S. *typhimurium*.

> Desenhe um diagrama mostrando como se formaria um possível Hfr (mencione os genes relevantes no plasmídeo e no cromossoma e qualquer seleção necessária).

> Se o Hfr fosse integrado no operão *rrnB* de S. *typhimurium* com uma orientação tal que fosse transferido no sentido dos ponteiros do relógio, qual é a quantidade máxima de ADN *de S. typhi* que seria possível substituir por ADN *de S. typhimurium* após o cruzamento?

Soluções para alguns exercícios

Exercício 1:

O *F'proC+* formar-se-á como se mostra na figura 46. Como o gene proC seria a última região a ser transferida pelo Hfr, ele só seria transferido muito raramente. Por isso, podemos selecionar esses eventos raros associando-o a um proC auxotrófico e selecionando o crescimento num meio mínimo sem prolina.

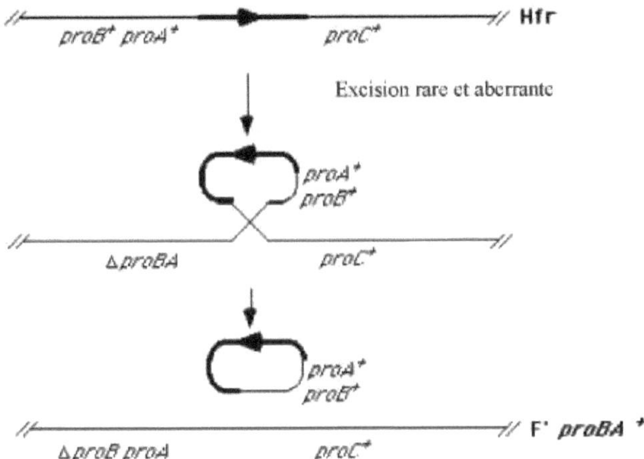

Figura 46: Plano de isolamento proposto para o isolamento de um proC *F⁻*

Exercício 2:

A-A seleção dos exconjugantes nesta experiência :

-Crescimento em acetato como única fonte de C.

b- contra-seleção contra estirpes dadoras nesta experiência

C-Posição da mutação Ace :

-Aproximadamente 95 minutos, na região totalmente transferida entre Hfr-1 e Hfr-5 (ver figura 6).

Exercício 3:

A- Transferência dos genes TetR e KanR:

Uma vez que são transërës em frequências diferentes, estão provavelmente presentes em moléculas de ADN diferentes (por exemplo, plasmídeos separados).

B- Razão provável da diferença entre os resultados obtidos com as duas estirpes diferentes de receptores:

Este facto pode dever-se à barreira de restrição da *E. coli*. Lembre-se que *a E. coli C* tem uma restrição menor do que a *E. coli B*.

1-Recomendação de curso :

O termo transdução refere-se à transferência de ADN ou ARN celular de uma célula para outra através da infeção por um vetor viral. As partículas virais que transportam e introduzem ácidos nucleicos celulares durante a infeção são chamadas partículas transdutoras. Os bacteriófagos são vírus transdutores se transportarem partes de cromossomas baconianos ou plasmídeos de um hospedeiro bacteriano para outro.

Para alguns fagos, este ADN está ligado ao cromossoma viral da partícula (como na transdução especializada do fago X), enquanto que para outros fagos transdutores, apenas o ADN de origem hospedeira está presente na partícula (como no caso da transdução generalizada dos fagos P1 ou P22).

O processo de transdução divide-se em dois tipos. Na transdução geral, o vírus pode introduzir qualquer região do cromossoma dador num recetor.

Na transdução especializada, o vírus transporta sempre o mesmo segmento para o recetor. Um fago que encapsula aleatoriamente o ADN do hospedeiro em partículas é um fago transdutor generalizado; um fago que tenha um determinado gene introduzido de forma estável no seu cromossoma é um fago transdutor especializado.

A capacidade de um fago para efetuar uma transdução generalizada depende do mecanismo pelo qual o ADN é encapsidado nas partículas de fago. Se este mecanismo permitir que o ADN do hospedeiro e o do fago sejam encapsulados, a transdução generalizada ocorre invariavelmente.

Um exemplo bem estudado de transdução generalizada é o fago P22 *de Salmonella*. Trata-se de um paradigma útil para o metabolismo do ADN que conduz à transdução generalizada, uma vez que não é único e é representativo de uma série de outros fagos (T4). O ADN do fago numa partícula P22 é terminalmente redundante e circularmente permutado. Durante a infeção por P22, o ADN do hospedeiro não é degradado (ao contrário das infecções por fagos virulentos, como o T4), pelo que constitui potencialmente um substrato para o empacotamento do ADN.

No caso do P22, embora existam quantidades aproximadamente iguais de ADN do fago e do hospedeiro na célula durante a infeção, apenas alguns por cento do cromossoma do hospedeiro é empacotado e apenas alguns por cento das partículas são transdutores. O que limita a formação de transdutores?

O fago P22 é um modelo útil, tanto para ilustrar um modo comum de metabolismo do DNA quanto para entender suas consequências para a transdução. No entanto, entre os fagos que realizam transdução generalizada, existem pequenas variações neste contexto, bem como modos de transdução bastante diferentes (Phage PI, P22, Phage T4, Phage Mu... etc).

O fago PI de *E. coli* é também digno de nota porque é o principal fago de transdução generalizada utilizado em *E. coli* e pode infetar uma vasta gama de hospedeiros, o que o torna uma ferramenta importante para a manipulação genética. Em termos genéricos, o PI é semelhante ao P22, utilizando um processo de condicionamento delirante que começa num local específico para produzir ADN de fago permutado terminalmente e redundante.

Uma das utilizações mais importantes da transdução generalizada é a medição da distância entre marcadores ou a determinação da ordem de três ou mais marcadores no cromossoma. Um conceito importante para esta análise é o de contra-transdução, a capacidade de dois marcadores serem integrados simultaneamente no cromossoma recetor no mesmo fragmento de transdução.

Atualmente, são conhecidas várias utilizações para a transdução generalizada. Estas incluem o mapeamento de genes, a análise de complementação, a transdução de plasmídeos, a seleção de deleções em plasmídeos e a seleção de recombinação entre genes de clones e o cromossoma bacteriano. Outras utilizações comuns incluem a construção de estirpes, a administração de transposões e o isolamento de rearranjos cromossómicos, como duplicações.

2-Pré-requisitos :

Compreender o conceito de bacteriófago.

Ter uma ideia do termo transdução.

Compreender o mecanismo de transdução.

3-Alvos:

Conheça as aplicações da transdução generalizada.

Compreender o conceito de co-tradutores e a sua utilidade.

Aprender a fazer um mapa genético e a determinar a ordem dos genes.

Série 7 "Transdução generalizada

Exercício 1:

O plasmídeo F tem aproximadamente 100 kb de tamanho. [RR]Uma vez que o fago P22 HT contém apenas cerca de 45 kb de ADN, não pode cobrir todo o plasmídeo F. Por conseguinte, quando um recetor suscetível à tetraciclina (TetS) é infetado com P22 HT cultivado numa estirpe portadora de um plasmídeo F marcado com resistência à tetraciclina (Tet), é possível obter estirpes transduzidas resistentes à tetraciclina (Tet).

> Sugira uma explicação provável para este resultado.

Exercício 2:

Para evitar a obtenção de lisogénios resistentes a infecções subsequentes, é frequentemente utilizado um mutante virulento do fago P1 para a transdução geral. No entanto, isto coloca um segundo problema, uma vez que as células co-infectadas com uma partícula transdutora e uma partícula de fago sofrem lise, impedindo o isolamento dos transdutores.

[+2+2]Uma forma de evitar a lise pelo fago virulento é misturar uma solução de células receptoras de Ca e Mg e o lisado de fago com uma baixa multiplicidade de infeção (MOI), incubar durante 15 a 20 minutos, depois adicionar citrato para quelar os catiões divalentes e espalhar a mistura num meio seletivo.

> Porque é que a mistura é deixada durante 15-20 minutos antes de se adicionar o citrato?

> Por que razão é adicionado um quelante de iões divalentes à mistura?

Outra forma de limitar a lise pelo fago virulento é irradiar o lisado com luz UV antes de misturar o fago com as células receptoras.

> Como é que isto reduziria a lise das células receptoras?

Exercício 3:

A transdução com o fago P1 foi efectuada para determinar a ordem dos genes *fadD, gap* e *pabB* em relação uns aos outros. [+++]O dador foi *fadD gap pabB* e o recetor foi *fadD gap pabB* . [+]Foram selecionados transdutores Gap (quadro 13).

A co-transmissão de marcadores não selecionados é apresentada no quadro seguinte.

> Com base nestes resultados, qual é a ordem prevista para estes genes?

Quadro 13: Estimativa do número de colónias

fadD	*pabB*	Número de colónias
+	+	98
–	–	14
+	–	04
–	+	19

Exercício 4:

A mutação *putA900* é uma mutação pontual. A mutação *put-557* é uma pequena deleção nos genes *put*. A mutação *put-544* é uma grande deleção que remove todo o operon *put*. [+]A linhagem P22 HT foi cultivada com cada uma destas estirpes mutantes e utilizada para transduzir receptores com uma mutação *pyrC* ou *pyrD*, selecionando para Pyr . Os resultados obtidos estão resumidos no quadro 14.

Quadro 14: Resultados da co-transdução Put- dos dois fagos P22 e P1

Doador	Receptor	Selecção de fenótipos	Co-transdução tionnePut- from the fago P22		Co-transdução Put- from the fago P1	
			Put	Total	Colocar	Total
put-900	*pyrC*-	Pyr	45	00	25	6500
	pyrD-	Pyr	0	500	20	500

colocar-577	pyrC	Pyr⁺	3	500
	pyrD	Pyr⁺	0	500
colocar-544	pyrC	Pyr⁺	100	500
	pyrD	Pyr⁺	10	500

> Explique porque é que a cotransdução entre os genes *pyrD* e *put* foi observada quando o dador P22 continha *put-544* mas não nos outros dois casos?

> Explique a diferença na frequência de cotransdução observada entre a utilização dos fagos P1 e P22 como fagos tradutores?

> Haverá uma alteração na frequência da co-transdução se a estirpe recetora for afetada pela deleção em vez da estirpe dadora?

Exercício 5:

Em *E. coli*, os genes para a biossíntese de leucina (*leu*) e a capacidade de fermentar arabinose (*ara*) são aproximadamente 50% co-transdutíveis pelo fago P1. Foram isolados quatro auxotróficos diferentes (*leu*). As mutações foram mapeadas por transduções P1. ⁺As estirpes dadoras eram *ara leu* e as receptoras eram *ara leu*. Os transdutores foram selecionados num meio mínimo contendo glucose como fonte de carbono e, em seguida, espalhados numa réplica para testar a sua capacidade de fermentar arabinose (Quadro 15).

> Que tipo de gë recombinante ële sëlectnë inicialmente para estas transduções?

> ⁺Desenhe cada um dos cruzamentos de dois factores, mostrando onde devem ocorrer os cruzamentos entre o cromossoma recetor e o fragmento dador para formar transdutores de Leu Ara⁺

Quadro 15: Proporções de transdutores num cruzamento de dois factores

Recetor	Doador			
	⁺*ara leu-1*	⁺*ara leu-2*	⁺*ara leu-3*	⁺*ara leu-4*
ara leu-1	0%	55%	2%	46%
ara leu-2	3%	0%	3%	2%
ara leu-3	40%	49%	0%	54%
ara leu-4	1%	50%	2%	0%

> Com base em cruzamentos de dois factores, qual é a ordem dos quatro aliados *leu* em relação uns aos outros e ao locus *ara*?

Exercício 6:

Uma sërie de transduçőes com P22 a ë1ë rëalisëe com o objetivo de construir um mapa para os loci *met, thi, trp* em *S. typhimurium*. As donees de transdução estão prësentëes na Tabela 16.

Quadro 16: Percentagem de transdutores dos loci *met, thi e trp* em *S. typhimurium* na presença de P22

Doador	Recetor	Marcador selecionado	Percentagem de marcador	
·conheceu isto·	·conheceu isto·	Met+	Este+	80
			Isto·	20
·met trp·	·met trp·	Met+	Este+	10
			Isto·	90
·conheceu o seu·	·conheceu o seu·	Met+	Este+	20
			Isto·	80
seu+thi+	o soll	Met+	Este+	10
			Isto·	90
trp+thi+	trp'ₜₕ-+	Met+	Este+	0

> Desenhe um mapa gënëtico baseado nas frequências de co-transdução.

> Dëcrivez une transduction suppémentaire qui vous confirmea de plus 1 ordre de carte prevue.

Soluções para alguns exercícios

Exercício 1:

Explicação:

Deve ser lembrado que a transdução de plasmídeo requer a encapsidação de um concatëmëre de ligação do DNA do plasmídeo e sua recircularização na célula hospedeira. [R]Assim, a explicação mais simples é que as colónias Tet surgem por transdução de deleções raras e espontâneas do plasmídeo F.

[R]Os mutantes de deleção devem reduzir o tamanho do plasmídeo F para menos de 45 Kb (permitindo redundância terminal suficiente para recircularização por recombinação homóloga no recetor), sem remover o marcador Tet ou os genes necessários para a replicação vegetativa.

Exercício 3:

[+-+]A classe mais rara de recombinantes foi a *Gap FadD PabB* . [+]O marcador hereditário do recetor para esta estirpe é pabB , o que sugere que este é o marcador intermédio (Figura 47). Assim, a ordem dos genes deve ser: *fadD gap pabB*.

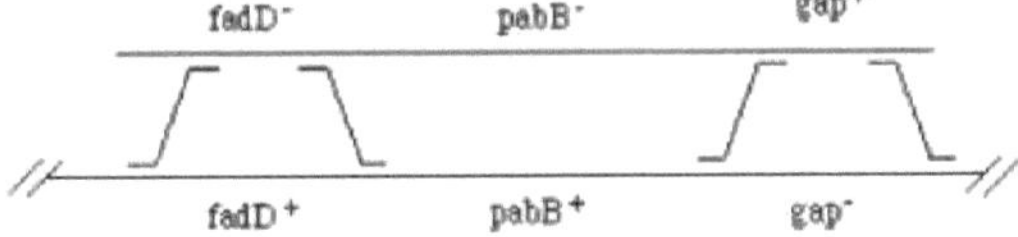

Figura 47: Ordem dos genes

Sabemos também que os dados do cruzamento de três factores nos permitem calcular a percentagem de co-herança entre o marcador selecionado e cada um dos marcadores não selecionados.

Quando Gap + foi selecionado, o número total de colónias obtidas foi de 180.

⁻A co-herança de PabB era 54 + 19 = 73 ou 73/180 = 41%.

⁻A co-herança de FadD era 54 + 9 = 63 ou 63/180 = 35%.

A partir destes dados, o mapa assim obtido é prësentëe na figura 48:

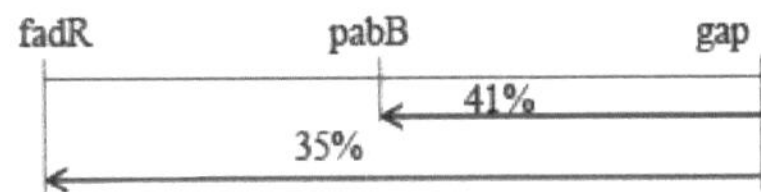

Figura 48: Mapa genético dos três recombinantes

Exercício 5:

a-Que genótipo recombinante foi inicialmente selecionado para estas transduções?

-Foi o Leu+ recombinante.

b- Os resultados dos cruzamentos de dois factores são apresentados na Figura 49.

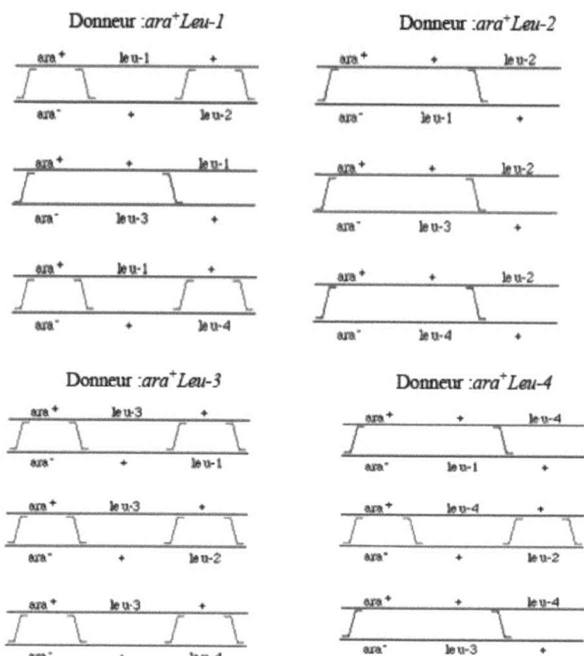

Figura 49: Cruzamentos de dois factores de transcuctores de leu ara⁻

C-Com base em cruzamentos de dois factores, a ordem dos quatro alelos leu em relação uns aos outros e ao locus ara será a seguinte:

> **Ordre :** *ara ...leu-3... leu-1... leu-4 .... leu-2*

Ordem: *ara ... leu-3... leu-1... leu-4 .... leu-2*

Exercício 6:

A-O mapa gënëtico resultante é apresentado na Figura 50.

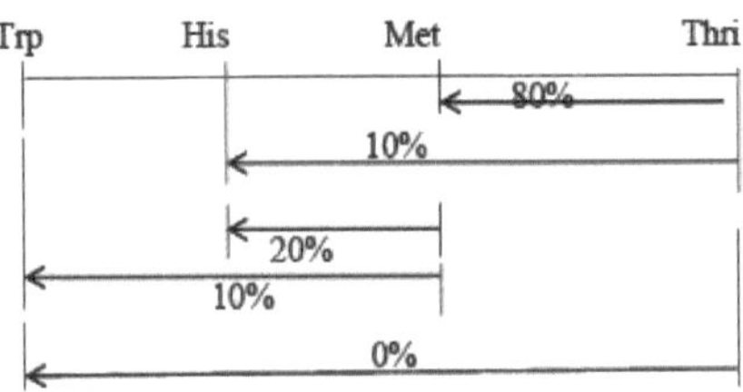

Figura 50: Mapa genético

B- A frequência de co-transdução entre trp e *his* também confirma os dados dos cruzamentos de dois factores. [++--++]Estes dados poderiam ser obtidos cultivando o fago num dador *Trp his* , subsequentemente transduzido para um recetor *trp his* , selecionando Trp ou His . Em alternativa, o cruzamento de três factores dará resultados mais definitivos e precisos.

1-Recomendação de curso :

A transdução espacial é a segunda maior classe de troca gnóstica mediada por vírus. Ela difere da transdução generalizada em dois aspectos. Em primeiro lugar, neste modo de transdução, os genes transduzidos estão ligados covalentemente ao cromossoma viral, permitindo que sejam replicados, embalados e introduzidos num recetor juntamente com o resto do cromossoma viral. Em segundo lugar, uma partícula de transdução especializada transporta um segmento cromossómico específico e introduz sistematicamente apenas esse conjunto de genes no recetor. Daí o nome transdução especializada.

O fago tempere 1 é o exemplo clássico de um fago transdutor especializado. A partícula do fago 1 contém uma molécula de ADN linear de cadeia dupla com extremidades complementares de cadeia simples de 12 nucleótidos. Quando o fago tempere 1 infecta uma célula, o seu cromossoma circulariza por hibridação destas extensões de cadeia simples (cos sites) e o fago escolhe então entre dois ciclos de vida alternativos (ciclo lítico e ciclo liosogénico).

Os fagos de transdução especializados são um dos meios mais práticos de manipulação dos genes. Representam o método original de clonagem de genes, utilizando técnicas genéticas in vivo. Uma vez que estes fagos transportam uma pequena região do cromossoma, os genes transportados pelos fagos podem ser mapeados com grande precisão, assim como as mutações dentro destes genes. Além disso, a mutagénese pode visar genes específicos. Estes fagos também fornecem um meio conveniente de construir estirpes diplóides para uma região muito limitada do cromossoma para análise de comple- mentação.

2-Pré-requisitos :

É aconselhável ter uma ideia do :

J O conceito de transdução especializada.

J As semelhanças e as diferenças entre os dois tipos de transdução.

-S Para saber mais sobre o fago 1.

<u>**3-Objectivos :**</u>

J Compreender os domínios de aplicação da transdução especializada.

J Localização exacta das mutações e das sequências afectadas.

J Sugerir estratégias e alternativas.

<u>**Série n.º 8 "Transdução especializada**</u>

<u>**Exercício 1:**</u>

Existe um sítio de ligação secundário para o fago lambda no gene *proB* de l'opëron *proBA de E. coli.*

> Desenhe um diagrama que mostre como um profago inte'gre a este sítio poderia дё^гег spëcialisëes transdutoras da *estirpeproA*.

> Como é que se pode utilizar este lisado de transdução para obter um lisado de transdução de alta frequência (HFT) com proA+*?*

<u>**Exercício 2:**</u>

Embora P22 seja um fago gënëralisëe de transdução, é ëalso possível obter dërivës de transdução spëcialisedë de P22. Por exemplo, foram obtidas partículas de transdução spëcialisëes para os genes *newD* e *supQ* se puxadas proximo ao sítio de ligação de P22 no cromossoma *de S. typhimurium* (*ataA*).

> Como poderia distinguir um lisado de transdutor gënëralisë P22 de um lisado de transdutor spëcialisë P22 utilizando testes gënëticos simples? (Certifique-se de que apresenta um teste gënëtico que identifique cada lisado.

<u>**NB:**</u>

Pode utilizar estirpes *de S. typhimurium* com todos os marcadores gënëticos à sua escolha, tendo em conta que o exame do fago ao microscópio eletrónico, a sequenciação do ADN ou a utilização de anticorpos não são respostas satisfatórias) <u>**Exercício 3:**</u>

Foram isotizados quatro fagos lambda *dgal* diferentes, que foram depois cruzados contra quatro mutantes lambda, selecionando recombinantes de tipo selvagem. Os fagos lambda *dgal* foram iguạlmente ëlë cruzados com quatro mutantes *gal* diferentes *de E. coli*, selecionando recombinantes Gal+. Os resultados destas expëriências estão prësentës na Tabela 17.

> Desenhe a zona gal-bio de um lisogénio lambda *de E. coli*, especificando o opëron bio, o opëron gal e o profago lambda.

> Com base nos resultados prësentës na tabela acima, indique as posições relativas para cada uma das quatro mutações *gal.*

Tabela 17: Resultados do cruzamento de fagos lambda *dgal* com diferentes mutantes *gal de E. coli*

Fago Um dgal	Mutante X pontos				Mutantes *Gal de E.coli*	
	ff	*X*	*Y*	*Z*	*gal-116 gal-117 gal-118*	*gal-119*
A dgal-11	+	+	+	+	+-+	+
A dgal-12	+	-	-	+	+-+	+
A dgal-13	-	-	-	+	--+	-
A dgal-14	+	+		+	--+	+

+ indica que os recombinantes de tipo selvagem têm ële obtido

- indica que não foi obtido nenhum recombinante de tipo selvagem ëlë.

> Indique as posições relativas de cada uma das quatro mutações lambda no gënoma lambda e mostre a região em falta em cada um dos fagos lambda *dgal*.

Exercício 4:

Um truque comum utilizado para efetuar a análise de complementação sem excesso de cópias do gene de interesse é clonar o gene num fago lisogénico e integrar o fago no cromossoma. Por exemplo, o gene *ompC* de *E. coli* foi clonado num fago lambda e integrado no sítio *attB* do cromossoma. A fim de investigar a complementação entre duas mutações *ompC*, é construída uma estirpe com um alelo mutante do gene *ompC* na sua localização cromossómica normal e um alelo mutante do gene *ompC* no local de ligação do fago X.

Existem duas estirpes *de E. coli*. Uma estirpe contém uma mutação de inserção no gene *ompC* que resulta em resistência ao antibiótico canamicina (ompC ::Kan). A outra estirpe é um merodiplóide com uma mutação cromossómica nula no gene *ompC* e um lisogénio lambda com uma cópia de tipo selvagem do gene *ompC*.

> Como é que a mutação *ompC:: Kan* pode ser facilmente colocada na estirpe m'rodiplóide?

> Como é que se pode saber qual a cópia do gene *ompC* que adquiriu a mutação de inserção?

> Se a mutação *ompC :: Kan* estivesse localizada no lisogénio lambda, como é que se poderia transferir o profago para uma nova estirpe?

Soluções para alguns exercícios

Exercício 2:

A diferença entre a transdução generalizada e a transdução espacializada reside na capacidade de transduzir ADN a partir de qualquer ponto do cromossoma.

Assim, podemos simplesmente testar a transdução de vários gënes diferentes localizados em diferentes sítios do cromossoma. Uma maneira simples de fazer isso seria testar a transdução de várias mutações auxotróficas diferentes no recetor, selecionando a prototrofia.

Exercício 3:

Abaixo está um desenho da zona gal-bio de um lisogénio lambda *de E. coli*, especificando o operão bio, o operão gal e o profago lambda e indicando as posições relativas de cada uma das quatro mutações *gal:*

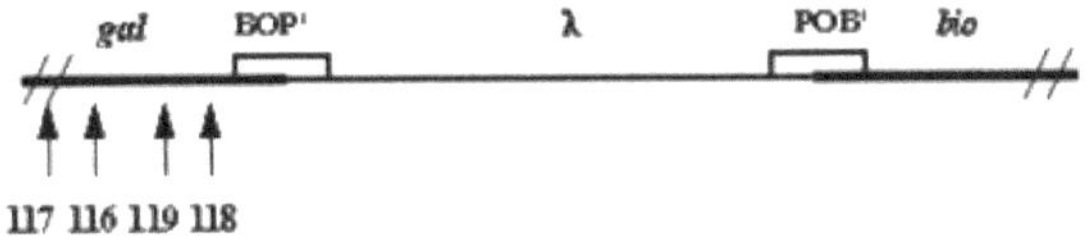

Figura 51: A zona gal-Bio e as posições de mutação

A indicação das posições relativas de cada uma das quatro mutações lambda no genoma lambda, mostrando a região em falta em cada um dos fagos lambda *dgal*, está resumida na Figura 52.

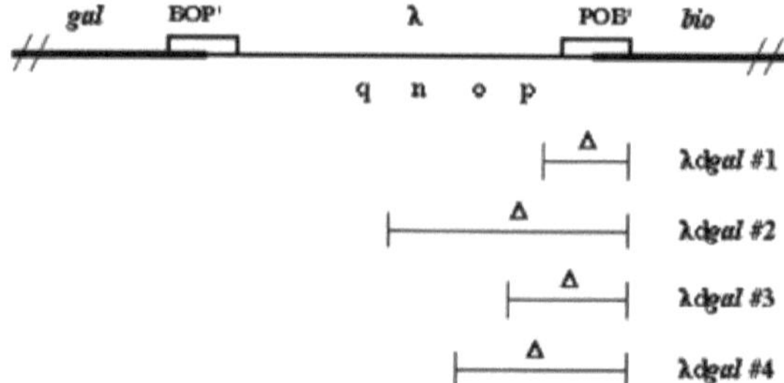

Figura 52: Indicação das posições relativas de cada uma das quatro mutações lambda no genoma lambda

Exercício 4:

A-Para colocar facilmente a mutação *ompC :: Kan* na estirpe mërodiploide, cultivar o fago P1 na *E. coli ompC :: Kan* mutante para obter um lisado de transdução generalizado e, em seguida, transduzir a estirpe mërodiploide sëlectionnëe para KanR.

[R]B- Determinar qual a cópia do gene *ompC* que adquiriu a mutação de inserção; se a excisão do fago lambda resultar em partículas transdutoras portadoras de Kan , então a mutação deve estar localizada na cópia lambda. Alternativamente, se as partículas transdutoras lambda pudessem reparar a inserção ompC :: Kan na estirpe parental, a mutação não estaria na cópia lambda.

C- Meios de transporte :

[R]Reduzir o lambda através do tratamento das células com luz UV e, em seguida, infetar as células com o lisado de lambda, selecionando Kan .

1-Recomendação de curso :

Uma combinação de experiências gënëticas e bioquímicas em bactérias levou ao reconhecimento inicial de sequências reguladoras de ligação a proteínas associadas a genes e de proteínas cuja ligação às sequências reguladoras de um дёпе ativa ou reprime a sua transcrição.

Estes componentes-chave estão na base da capacidade das células procarióticas e eucarióticas para ativar e desativar genes, embora tenham sido descobertas inúmeras variações do processo fundamental.

No caso das bactérias, o controlo genético serve principalmente para permitir que uma única célula se adapte às alterações do seu ambiente nutricional, a fim de otimizar o seu crescimento e divisão. Por conseguinte, a investigação centrou-se principalmente nos genes que codificam proteínas induzíveis cuja produção varia em função do estado nutricional das células.

Nos microrganismos, a regulação da síntese proteica é altamente eficiente. A expressão dos genes pode ser controlada a todos os níveis entre o gene e a proteína: ativação ou modificação da estrutura do gene, transcrição, maturação do ARNm primário, transporte núcleo-citoplasma nos organismos eucariotas, tradução, estabilização de certos tipos de ARNm. A maior parte do controlo da síntese proteica ocorre na fase de iniciação da transcrição: estes fenómenos foram particularmente bem estudados nos organismos procariotas.

Existem unidades de controlo da transcrição conhecidas como operões; um operão contém uma série de um a dez genes estruturais, cada um dos quais codifica um péptido; estes genes seguem-se uns aos outros no cromossoma e formam uma unidade de transcrição que começa com uma sequência de iniciação e termina com uma sequência de terminação.

A sequência de iniciação é precedida por um promotor, o local de ligação da RNA polimerase, que controla a transcrição de todos os genes que dela dependem.

A regulação de um operão envolve geralmente um operador дё^ e um regulador дё^.O gene operador (ou sítio) está adjacente ao promotor. O gene regulador (uma unidade de transcrição independente com o seu próprio promotor) permite a síntese de uma proteína reguladora que intervém ao nível do operador, quer fazendo com que a RNA polimerase se ligue ou passe (ação negativa), quer, pelo contrário, facilitando-a (ação positiva).

Existem vários tipos de regulamentação em função de vários factores:

 Spëcificitë: o controlo pode ser específico e limitado, actuando apenas sobre os genes de um operão, ou, pelo contrário, não específico, podendo afetar vários operões. Os sistemas não específicos são sistemas de controlo global e envolvem geralmente um regulador comum.

 Natureza da interação promotor/ARN da polimerase/proteína reguladora (ação positiva ou negativa).

 Resultado final: pode assumir duas formas. Consoante o caso, há uma indução no catabolismo ou uma repressão no anabolismo.

2-Pré-requisitos :

É necessário

> *S* Conhecer o conceito de expressão de gënes

 Para ter uma idëe sobre os processos de transcrição e tradução.

> *S* Conhecer o conceito de unidade de controlo e os termos-chave "operador", "operador" e "repressor".

3-Objectivos

 Aprender a analisar e a determinar a causa de uma avaria e o ponto em que se perde o controlo.

> *S* Descrever, com exemplos, o impacto da mutação na expressão de gënes e o correto funcionamento dos operões catabólicos.

 Compreender a utilidade de regular a expressão de gënes.

Série 9 "Regulação da expressão génica".

Exercício 1:

> Dë termine o controlo ^gativo e o controlo positivo explicando como funcionam as formas activas das protëinas que regulam a expressão genética.

> Explique como um ligando "indutor" pode ativar a expressão de um gene que está sob controlo negativo e como pode ativar a expressão de um gene que está sob controlo positivo.

> Explique como um ligando "inibitório" pode inibir a expressão de um gene sob controlo iK'gativo e a de um gene sob controlo positivo.

Exercício 2:

Na ausência de glucose, *a E. coli* pode proliferar com um açúcar pentose, a arabinose, utilizando um conjunto de genes induzíveis organizados em três grupos no cromossoma. Os genes *araA*, araB e araD codificam enzimas metabolizadoras da arabinose. Para entender as propriedades reguladoras da proteína AraC, você isola uma cepa mutante que carrega uma dëlëtion do gene *araC*. Como mostrado na Tabela 17, a cepa mutante não induz a expressão do gene *ara* A quando a arabinose é adicionada ao meio.

ACom base nestes resultados, a protëina AraC regula o metabolismo da arabinose por controlo iK'gativo ou positivo? justifique a sua resposta.

B-Como seriam os resultados da Tabela 18 se a protëina AraC tivesse regulado a expressão das enzimas do metabolismo da arabinose pelo tipo de controlo que não escolheu na pergunta A?

Quadro 18: Respostas dos factores normais e mutantes à presença ou ausência de arabinose

Produto do gene araA

Gënotype	-Arabinose	+Arabinose
araC+	1	1000
araC-	1	1

Exercício 3:

Quando Jacob e Wollman tentaram vërificar a ligação gënëtica entre o gene gal e um profago do bacteriófago 1 (um gënome л intëgrë), descobriram o surpreendente fenómeno de indução ërótica (que mais tarde foi chamado de "indução zigótica").

Durante um cruzamento bacteriano, uma porção do cromossoma é transferida através de um tubo estreito da bactéria dadora para a bactéria recetora. Jacob e Wollman descobriram que, se o cromossoma transmitido transportasse um profago 1, mas a célula recetora não, o crescimento de 1 era induzido na célula recetora, impedindo a sua lise e a produção do fago 1. No entanto, se a célula recetora transportasse o profago 1, não se observava lise. Um resumo dos resultados obtidos em todos os seus cruzamentos é apresentado no Quadro 19.

> A-Explique como estes resultados são consistentes com a noção de que um repressor codificado por profagos mantém normalmente os genes líticos dos bacteriófagos desligados. Justifique a sua resposta

> B-Suponha que o profago impede o crescimento lítico expressando uma proteína reguladora da expressão génica que ativa um gene que codifica uma proteína anti-lise. Os resultados dos cruzamentos teriam sido idênticos ou diferentes? Justifique a sua resposta.

Tabela 19: Resultados dos cruzamentos entre bactérias portadoras ou não do profago 1

	Recetor Lambda+	lambda+
Dador Lambda-	Sem lise	Sem lise
lambda+	Lise +fago lamba	Sem lise

Exercício 4:

Uma única classe de mutações no gene crp é designada crp*. [+]As propriedades das mutações crp* e crp são apresentadas no quadro seguinte. As células foram cultivadas num meio mínimo com glicerol (como fonte de carbono) e IPTG (Tabela 20).

Quadro 20: Atividade de в-galactosidase das estirpes cultivadas

Estirpe	**Atividade da в-galactosidase**
[+]crp cya[+]	1000
[+]crp cya[-]	20
crp* cya[+]	1000
crp* cya[-]	1000

> Qual é o mecanismo molecular provável do phënotype dos mutantes cap*? Explique brevemente a sua resposta.

> Como é que a mutação crp* afectaria a expressão de outras opções catabólicas, como a gal ou a ara?

> Como é que a mutação crp* afectaria a expressão de lac numa estirpe que contém uma

mutação do promotor lac de classe I?

> Que tal uma mutação do promotor lac de classe II?

> Se desenvolvesse uma estirpe crp* em meio mínimo + glucose + IPTG, que nível de ß-galalactosidase esperaria?

> Se estivesse a cultivar uma estirpe crp* em meio mínimo + glicocërol sem IPTG, que nível de ß-galactosidase esperaria?

[+]> Se construísse um diploi'de parcial (F'crp*/crp), que mutação seria dominante e porquê? Se adicionar uma coluna à tabela com este mutante, quais seriam os níveis previstos de ß-galactosidase?

Exercício 5:

A E. coli prolifera mais rapidamente na glicose (monossacarídeo) do que na lactose (dissacarídeo) por duas razões: (1) a lactose é prëlevë mais lenta do que a glicose e (2) a lactose deve ser hidrolisada em glicose e galactose (por uma *ß-galactosidase*) antes de poder ser mëtabolisë mais.

Quando *a E. coli* é cultivada num meio que contém uma mistura de glucose e lactose, prolifera com uma cinética complexa (Figura 53).

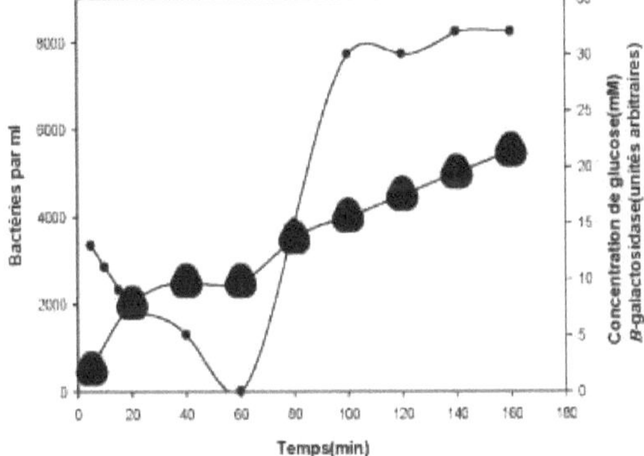

Figura 53: Proliferação de *E. coli* numa mistura de glucose e lactose

As bactérias proliferam mais rapidamente no início do que no final, e há uma dëcalagem entre estas duas fases, correspondendo a um período durante o qual as bactérias praticamente param de se dividir. Quando medimos as concentrações dos dois açúcares no meio, vemos que a da glicose se torna muito baixa após algumas duplicações celulares (Figura 17), enquanto a da lactose permanece alta quase até o final da experiência. Embora a concentração de lactose seja elevada durante a maior parte da experiência, a ß-galactosidase só é induzida após mais de 100 minutos.

> Explique a cinética da proliferação bacteriana durante a experiência e justifique a taxa inicial rápida, a taxa final lenta e o atraso que ocorre a meio da experiência.

Exercício 6:

Foram analisados dois mutantes diferentes com mutações na região atenuadora do operão triptofano. A primeira mutação corresponde a um mutante de substituição de bases, enquanto o mutante n.º 2 é uma deleção que elimina certas sequências específicas.

Os efeitos destas mutações na expressão do gene estrutural *trpE* são apresentados no quadro 21.

Quadro 21: Efeitos destas mutações na expressão do gene estrutural *trpE*

Estirpe	atividade *da*

	trpE
trpR trpL+ (progenitor)	1.0
trpR trpL #1	0.1
trpR trpL #2	0.1
trpR trpL #1 Pseudo-mutante	2.5 - 4.0
trpR trpL #2 Pseudo-mutante	2.5 - 4.0

> Como explicar os efeitos das mutações n.º 1 e n.º 2 a nível molecular

A expressão de *trpE* nos pseudomutantes também é apresentada na Tabela 18. Alguns mutantes, no caso do mutante n°1, eram verdadeiros mutantes cuja base de tipo selvagem foi restaurada.

> Assumindo que os pseudo-mutantes são mutações de substituição de bases, onde é que é provável que se localizem na sequência de ARN mostrada abaixo?

> Como é que afectam a expressão de trp a nível molecular?

<u>Soluções para alguns exercícios</u>

Exercício 1:

A-Se a forma ativa de ligação ao ADN de uma proteína reguladora da expressão genética (uma proteína repressora дёпе) funciona para desligar a expressão de gёnes, o modo de regulação genética é designado por controlo negativo.

Se a forma ativa de ligação ao ADN de uma protëina reguladora da expressão génica (uma protëina activadora de genes) tiver a função de ativar a expressão de gёnes, o modo de regulação génica é designado por controlo positivo.

B-Um ligando indutor pode ativar a expressão de um gene controlado negativamente ligando-se à proteína repressora, causando uma diminuição da sua afinidade pelo ADN, permitindo-lhe desprender-se. Na ausência do repressor, o gene дёпc' é expresso. Um ligando indutor pode ativar a expressão de um gene controlado positivamente ligando-se à proteína activadora, provocando um aumento da sua afinidade pelo ADN, permitindo-lhe ligar-se e, assim, ativar a expressão do gene.

C-Um ligando inibitório pode inibir a expressão de um дёпc' controlado negativamente ligando-se à proteína repressora, causando um aumento na sua afinidade pelo ADN que lhe permite ligar-se e, assim, inibir a expressão do gёne.

Um ligando inibitório pode inibir a expressão de um gene controlado positivamente ligando-se à proteína activadora, causando uma diminuição da sua afinidade pelo ADN e permitindo a sua separação, inibindo assim a expressão do gene.

Exercício 2:

A-Os resultados apresentados na Tabela 18 são os esperados para um regulador positivo do operão da arabinose. Um regulador transcricional positivo deve se ligar às regiões promotoras dos gёnes de arabinose para estimular sua transcrição. Assim, se o gёne da proteína reguladora fosse excluído, os genes da arabinose não poderiam ser ativados.

B. Se a proteína AraC fosse um regulador transcricional negativo da expressão genética, os genes da arabinose teriam sido totalmente induzidos, independentemente da presença ou ausência de arabinose. Uma vez que um regulador negativo bloqueia a transcrição, a sua eliminação por deleção teria permitido que os genes da arabinose fossem transcritos em todas as condições. Os operões bacterianos que são regulados negativamente por um repressor (como o operão Lac) apresentam exatamente este comportamento: são expressos a níveis elevados na ausência da proteína repressora.

Exercício 3:

A-Os resultados dos cruzamentos prësentës na tabela 16 mostram que a proliferação de bacteriófagos e a lise celular ocorrem apenas quando o doador carrega o profago 1 e o recetor não o possui.

Estes resultados são consistentes com a ideia de que um repressor mantém os genes líticos do prófago desligados. Nas bactérias portadoras de um profago, a presença do repressor assegura que o profago permanece quiescente. Quando o profago é transferido para uma bactéria sem profago, encontra-se num ambiente sem repressor e o seu programa lítico é induzido.

Se, por outro lado, o profago for transferido para uma bactéria que possua ele próprio um profago, a presença do repressor impede que o profago seja induzido.

B - Esperaríamos exatamente os mesmos resultados se a lise fosse controlada por uma proteína reguladora da expressão genética que activasse a expressão de uma proteína anti-lise. Se o profago entrar num recetor depletado de profago, o ativador está ausente, impedindo a expressão da proteína anti-lise e permitindo a indução do profago e a lise.

Foi apenas com a ajuda de experiências genéticas e bioquímicas adicionais que o fator de anti-lise foi identificado como um repressor.

Exercício 5:

A - O rápido crescimento bacteriano no início da experiência é o resultado do metabolismo da glucose. O crescimento mais lento no final é o resultado do metabolismo da lactose. As bactérias param de crescer a meio da experiência porque esgotaram a glucose mas ainda não possuem as enzimas necessárias para o metabolismo da lactose. Antes de poderem utilizar a lactose presente no meio, precisam de induzir o operão lac. O atraso observado no crescimento representa o tempo necessário para essa indução.

B. A indução do operão lac requer o cumprimento de duas condições: a presença de lactose e a ausência de glucose. Durante a primeira parte da experiência, tanto a glucose como a lactose estão presentes, pelo que as condições de indução não estão reunidas. Só são satisfeitas quando a glucose se esgota.

O CAP e o repressor do operão da lactose promovem a indução Para que o operão esteja ativo, o CAP deve estar ligado e o repressor do operão da lactose não deve estar. A presença de lactose no meio aumenta a concentração intracelular de alolactose, que se liga ao repressor do operão da lactose, diminuindo a sua afinidade para o seu sítio de ligação e fazendo com que se solte do ADN. A remoção do repressor de l'opëron lactose satisfaz uma das condições para a indução.

A segunda condição é Hëc a concentração de glucose. Quando a concentração de glucose diminui, o nível intracelular de AMPc aumenta. O AMPc liga-se ao CAP e altera a sua conformação de modo a poder ligar-se ao seu local de ligação. Quando o CAP está no lugar (e o repressor do operon da lactose está ausente), a RNA polimerase pode se ligar ao promotor e iniciar a transcrição.

Lista de referências

♦♦♦ _Bibliografia_

1-Black ,J.G.,Black ,L.J. Microbiology: Principles and Explorations 9th Edition.Publisher : Wiley. agosto .2015-960 páginas.

2-Brown.J.W. Principles of Microbial Diversity (Princípios da diversidade microbiana). Editora: ASM Press. janeiro.2015-416 páginas.

3-Chinnici,J.P., Matthes ,D.J. Genetics: Practice Problems and Solutions 1st Edition.Publisher: Pearson. novembro .1998- 350 páginas.

4-Evans,H. Bacteria: Microbiology and Molecular Genetics. Syrawood Publishing House. maio. 2016- 213 páginas.

5-Griffiths,A.J.F.,Wessler,S.R., Carroll,S.B., Doebley,J.An Introduction to Genetic Analysis,11th Edição, Editora: Freeman/Worth,janeiro.2015-896 páginas.

6-Hunt,T., Wilson,J .The Problems Book: for Molecular Biology of the Cell ,6th Edition. Editora: W. W. Norton & Company,novembro.2014-984 páginas.

7-Kowles,R. Solving Problems in Genetics 1ª Edição. Editora:Springer.junho.2001- 500 páginas

8-Maloy,S ., Cronan,J.E .,Freifelder,D.Microbial Genetics 2ed Edition.Publisher : Jones and Bartlett.April.2004-484pages.

9-McGrath,S., Sindere,D.V. Bacteriófago: Genética e Biologia Molecular 1ª Edição, editora. Caister Academic Press. julho .2007-344páginas.

10-Pommerville,J. Fundamentos de Microbiologia 11ª Edição.Editora: Jones & Bartlett Learning.maio .2017-944páginas.

11-Russell,P. J.,Chase,B.J.Guia de Estudo e Manual de Soluções para iGenetics: A Molecular Approach

3ª Edição.Editora: Pearson.abril.2009- 456 páginas.

12-Seshasayee,A.S.N.Bacterial Genomics: Genome Organization and Gene Expression Tools 1st Edição: Cambridge University Press.março.2015-230 páginas.

13-Snyder,L.,Peters,J.E., Henkin,T.M., Champness,W. Molecular Genetics of Bacteria, 4ª Edição. Editora: ASM Press, janeiro .2013-728 páginas.

14-Talaro,K.P., Chess,B. Fundamentos de Microbiologia: Princípios Básicos 10ª Edição.Editora : McGraw-Hill Education.fevereiro .2017- 640 páginas.

15-Tortora,G.J.,Funke,B.R.,Case.C.L. Microbiology: An Introduction 12th Edition.Publisher : Pearson.abril de 2016-960páginas.

16-Uldis,N.S.,Ronald ,E.Y. Modern Microbial Genetics, 2nd Edition.Publisher: Willey-Lisse, fevereiro.2002-672 páginas.

♦♦♦ _Webografia_

http://cgsc.biology.yale.edu/

http://www.asmusa.org

http://www.genome.jp/kegg/

https://sciences.sdsu.edu/

https://www.ncbi.nlm.nih.gov/

I want morebooks!

Buy your books fast and straightforward online - at one of world's fastest growing online book stores! Environmentally sound due to Print-on-Demand technologies.

Buy your books online at
www.morebooks.shop

Compre os seus livros mais rápido e diretamente na internet, em uma das livrarias on-line com o maior crescimento no mundo! Produção que protege o meio ambiente através das tecnologias de impressão sob demanda.

Compre os seus livros on-line em
www.morebooks.shop

Printed by Books on Demand GmbH, Norderstedt / Germany